摄影后期高手之道

Photoshop + Camera Raw

修片全流程解析

阿提梵 著

U0320596

人民邮电出版社

北 京

图书在版编目（CIP）数据

摄影后期高手之道：Photoshop+Camera Raw修片全流程解析 / 阿提梵著. -- 北京：人民邮电出版社，2021.11
ISBN 978-7-115-56887-8

Ⅰ. ①摄… Ⅱ. ①阿… Ⅲ. ①图像处理软件 Ⅳ. ①TP391.413

中国版本图书馆CIP数据核字(2021)第133033号

内 容 提 要

　　绝美大片的创作秘诀是什么？除了娴熟的拍摄技法，还有精细的后期调修。本书将修片前的思考与后期调修思路相结合，系统阐述了摄影后期修片的基本流程，为广大摄影爱好者提供了简单易懂的摄影学习方法。

　　本书共分为8章，从后期认知、Camera Raw调整、后期进阶三大方面详细讲解后期处理的流程与技巧，既有如何正确选片、巧妙避开后期误区，又有 Photoshop 和 Camera Raw 的后期修片技法，更有高级电影色调、柔美梦幻意境、保留质感的人像磨皮、黑白肖像等高阶调修技巧。书中理论与案例并驾齐驱，旨在帮助读者透彻理解后期修片的核心原理，激发读者的创作灵感，培养非凡的艺术视角，提升后期处理水平。

　　本书不仅适合摄影后期初学者，对于有一定摄影基础，急需突破摄影后期瓶颈的爱好者也有很大的帮助。

◆ 著　　　　　　阿提梵
　　责任编辑　　张　贞
　　责任印制　　陈　犇

◆ 人民邮电出版社出版发行　　北京市丰台区成寿寺路 11 号
　　邮编　100164　　电子邮件　315@ptpress.com.cn
　　网址　https://www.ptpress.com.cn
　　中国电影出版社印刷厂印刷

◆ 开本：690×970　1/16
　　印张：16　　　　　　　　　2021 年 11 月第 1 版
　　字数：320 千字　　　　　　2021 年 11 月北京第 1 次印刷

定价：89.90 元
读者服务热线：(010)81055296　印装质量热线：(010)81055316
反盗版热线：(010)81055315
广告经营许可证：京东市监广登字 20170147 号

前言

如何学习后期修片？

很多摄影者都是从学习修片工具的使用方法开始，然后通过分析优秀作品、模仿他人照片的调色等方法来提高后期水平。这一学习过程没有什么问题，但要想真正提高自己的摄影后期水平，就要从掌握正确的后期修片流程开始。

首先，拿到一张照片后，不要急急忙忙地就开始调整曲线和饱和度，要先学会分析照片，进行"立意"。例如，色彩是用复古色调表现，还是用黑白色调或者低饱和度色调来表现？影调是用高调、低调，还是高动态范围？"立意"可以通过学习优秀作品的制作来提高。接下来，要明确修片的基本思路，既要遵循"先整体，后局部"的调整原则，又要在保留原有影调的基础上，进行照片的修饰。还有很关键的一点是对细节的把控，这将决定一张照片的最终水准。

本书的学习流程如下。

1. 提高摄影后期认知

① 取舍之道：解读选片的思路。

② 前车之鉴：避开常见的修片误区。

2. Camera Raw中的大显身手

① 认识影调：解读不同影调的调整思路。

② 调色的关键：通透、层次感、艺术色调。

③ 追求细节的表现：修瑕疵、锐化降噪、焕彩美容。

④ 强调视觉中心：重塑光影、营造氛围。

3. 创造无限可能的 Photoshop

① 超级妙招：适中对比度、统一肤色、赛博朋克风、分离色调。

② 局部调整：蒙版、选区、提取中间调。

③ 不同凡响：电影色调、黑白质感、极简线条、梦幻色调……

此外，本书提供了部分修片案例的视频学习文件，扫一扫相应页面的二维码即可观看，十分方便。

资源下载说明

本书附赠案例配套素材文件，扫描"资源下载"二维码，关注"ptpress摄影客"微信公众号，回复本书51页左下角的5位数字，即可获得下载方式。资源下载过程中如有疑问，可通过客服邮箱与我们联系。

客服邮箱：songyuanyuan@ptpress.com.cn

扫一扫 学摄影

资 源 下 载

扫 描 二 维 码
下 载 本 书 配 套 资 源

摄影后期修片思路

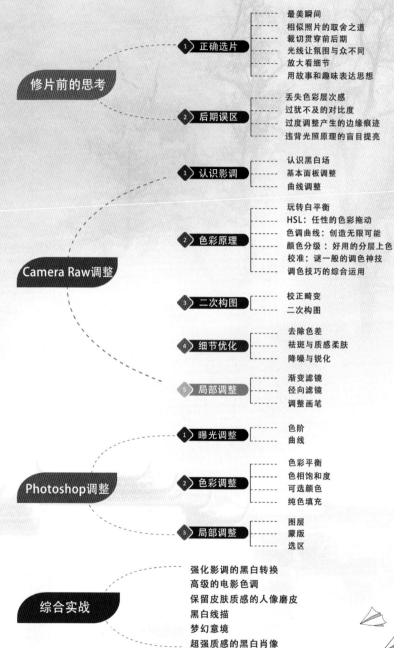

修片前的思考

① 正确选片
- 最美瞬间
- 相似照片的取舍之道
- 裁切贯穿前后期
- 光线让氛围与众不同
- 放大看细节
- 用故事和趣味表达思想

② 后期误区
- 丢失色彩层次感
- 过犹不及的对比度
- 过度调整产生的边缘痕迹
- 违背光照原理的盲目提亮

Camera Raw调整

① 认识影调
- 认识黑白场
- 基本面板调整
- 曲线调整

② 色彩原理
- 玩转白平衡
- HSL：任性的色彩拖动
- 色调曲线：创造无限可能
- 颜色分级：好用的分层上色
- 校准：谜一般的调色神技
- 调色技巧的综合运用

③ 二次构图
- 校正畸变
- 二次构图

④ 细节优化
- 去除色差
- 祛斑与质感柔肤
- 降噪与锐化

⑤ 局部调整
- 渐变滤镜
- 径向滤镜
- 调整画笔

Photoshop调整

① 曝光调整
- 色阶
- 曲线

② 色彩调整
- 色彩平衡
- 色相饱和度
- 可选颜色
- 纯色填充

③ 局部调整
- 图层
- 蒙版
- 选区

综合实战
- 强化影调的黑白转换
- 高级的电影色调
- 保留皮肤质感的人像磨皮
- 黑白线描
- 梦幻意境
- 超强质感的黑白肖像

⊰ 第1篇　后期认知篇 ⊱

⊰ 第2篇　Camera Raw 调整篇 ⊱

ॐ 第3篇 后期进阶篇 ॐ

第1篇
后期认知篇

本篇列举了笔者在学习后期过程中遇到过的选片
问题和后期处理误区，目的是让大家少走弯路，为成
为优秀的后期工作者打好基础。

第 1 章

调片前的思考

第1章　调片前的思考

调片前要明确两个要点：第一，用什么标准去选片；第二，要避免哪些调片误区。

‖ 1.1　提高后期水平从选片开始 ‖

选片是一个非常重要的环节，它体现了摄影者的审美水平和思考过程。在这个过程中，摄影者需要去审视一张照片拍得怎么样，与其他照片相比好在哪里，以及后期的调整空间如何，等等。下面笔者将从6个方面概述一下选片的技巧。

1.1.1　最美的瞬间

拍摄人物时，如果拍出的照片第一张嘴巴是歪的，第二张是闭着眼睛的，而第三张是笑容可掬的，那么第三张肯定是我们的首选。这样的选片是最简单不过的。但如果3张照片都是笑脸，我们就需要权衡哪一张笑得更好看，同时还要结合人物的动作，以及构图、光线等其他因素来综合判断。

下面这组原片的选片思路是找到主体人物动作最舒展、陪体人物也有较好的肢体表现的照片。这实际上也是我们摄影前期在取景器中观察时所要考虑的因素。除了肢体动作，因人物遮挡而产生的太阳星芒也是选片时的一个加分项。

原片1

原片2

原片3　　　　　　　　　　　　　　　原片4

最终选图

1.1.2 相似照片的取舍之道

优美的构图往往不是一蹴而就的，是需要反复推敲的。不同的取景角度、不同的构图比例、不同的焦距与物距，以及不同的画面元素都会使画面呈现的效果千差万别。

图1笔者采用了略高的视角拍摄，运用纵向三分法构图，并利用远处延伸的海面来强调画面的空间感，但因为取景角度欠佳，画面的气势就显得略有不足。

图2笔者走近雕塑，采用了仰拍的角度拍摄，简化了地面元素，增大了天空云霞的比例，在云霞的烘托下，画面表现出一种壮志凌云的气魄。美中不足的是地面和海面的比例较小，弱化了画面的空间感。

图3笔者注意到了左下方的人物，于是后撤了几步，重点刻画人物与雕塑之间的呼应，以表现风景的生动感。当然，仓促间的构图并不是特别理想，画面中雕塑的气势显得有些弱。

图4中两个人物遥望天边，与近景的金戈铁马形成呼应，给人留下时空穿越的想象空间。照片的不足之处是边角畸变较厉害，需要通过后期进行修正。

图1

图3

图 2

图 4

1.1.3 裁切不只是后期该做的事

　　裁切是对画面中的干扰元素进行去除及重新调整构图的比例。在选片的过程中，当我们意识到照片的构图比例不合适并进行有效裁切后，就会逐渐培养出前期构图的意识。如右图所示照片使用了广角镜头进行拍摄，画面看起来有些松散，是因为拍摄时有裁切的意识，提前构思，做好了空间的预留。

呆板的上下平分构图

沉稳的三分法、方形构图

1.1.4　光线让氛围与众不同

　　光线的选择原则是这样的：有光强于无光，柔和光好于硬质光，逆光、侧逆光更具氛围感，光线的"最佳拍档"是影子。

光线的选择

1.1.5　一定要放大看细节

放大细节看什么呢？看清晰度、画质和噪点。一张合格的、经后期处理过的照片，必须要经得起放大看细节。

1.1.6　用趣味与故事表现你的思想

趣味性与故事性既是客观存在的，也是拍摄者的思想表达，有点"文章本天成，妙手偶得之"的意思。与前面几个要素相比，这个要素能使作品得到升华。

‖ 1.2 新手调片的误区 ‖

1.2.1 丢失色彩层次感

拿到一张RAW格式的原片时，我们会觉得它就像是一只"丑小鸭"，色彩太过平淡，于是就会急于用高饱和度的色彩来秒变"天鹅"。然而效果往往适得其反，整体加过高的饱和度容易让色彩之间缺少层次过渡，导致画面生硬，给人一种色块拼凑在一起却不融合的感觉。

饱和度过高，色彩过渡不自然

"浓妆淡抹总相宜"，给照片加饱和度并没有错，错在不应该一视同仁地给所有元素都加饱和度，而应该从画面层次感的角度去控制色彩的强弱、协调及对比关系。另外，还要记住一点：后期调整是一个"多次微叠加"的操作过程，不要总想着一蹴而就，而要耐心地反复打磨。

色彩层次过渡自然

1.2.2 过犹不及的对比度

加对比度的初衷是让明暗之间的对比更强烈，从而呈现给观者一种画面清晰、影调厚重的效果。然而对比度并不是那么容易控制的，对比度过高会让明暗细节有所损失，影响到画面的层次感；对比度过低会让画面看起来灰蒙蒙的，不通透。想要把握好调整的度，要先学会分析画面的明暗结构，然后分区域地进行局部控制。

1.2.3 过度调整产生边缘痕迹

明暗反差大的边缘很容易出现白边和晕影，后期调整时一定要注意控制调整的程度，多用分区调整去控制细节。

1.2.4 违背光照原理的盲目提亮

很多拍摄者都喜欢用逆光角度呈现出光影氛围感，但在后期调整时，却容易陷入过分提亮暗部而丢失氛围感的误区。

地面亮度过高，丢失了暮色黄昏、夜色初上的氛围感

其实不是不能提亮，而是提亮的前提是要符合光线成像的原理，遵循光的移动轨迹，展现一种由远及近的渐变层次。

强行提亮处于阴影中的脸部，使画面显得不真实

第 2 篇
Camera Raw 调整篇

很多摄影者都希望习得一套"放之四海而皆准"的修片流程，这个流程其实很简单，就是"先曝光、后色彩、再细节"。围绕这 3 点，先要掌握软件的正确操作，然后带着对画面的理解，在正确的思路指引下去实现想要的画面效果。这个过程就好比在完成一幅画作，需要用画笔和颜料反复地精心雕琢，这就是修片流程的核心思路。

明确了修片的核心思路，就不要再期待所谓的"一键修片"，而要学会使用"多次微叠加"的调整方法，对一张照片反复地精细打磨。Camera Raw 是 Photoshop 软件的滤镜插件，使用它可以对照片进行预处理，其操作界面十分友好，可以随时切换到不同的选项中，更改之前调整过的参数值。

Camera Raw 中的曝光调整

第2章 Camera Raw中的曝光调整

曝光调整的关键是对影调的理解，影调调整的核心是处理好画面的明暗关系。不同的场景、不同的画面表达，需要用不同的调整思路来控制影调。下面将以常见的平调、灰调、暗调、高调及大光比场景为例，教大家如何有针对性地进行曝光调整。

‖ 2.1 高手修片的三项重要设置 ‖

2.1.1 色彩空间

在后期修片过程中，设置的色彩空间越大，可调整的色彩范围就会越广。在 Camera Raw 中设置色彩空间前，先来了解一下相机上的两个色彩空间选项：Adobe RGB 和 sRGB。

1. 相机上的色彩空间选择

Adobe RGB

Adobe RGB 色彩空间大于 sRGB 色彩空间，利于后期调整，适合冲印照片。如果 Adobe RGB 色彩空间的照片需要缩小用于网络分享，那么必须将缩小后的照片的色彩空间转换为 sRGB，否则照片容易出现偏色，原因是网络图片支持的色彩空间为 sRGB。

sRGB

sRGB 成像鲜艳，利于照片预览，适合直出。在使用 RAW+JPEG 双格式拍摄时，建议设置色彩空间为 sRGB，会更有利于筛选照片。

简而言之，要做后期调整用 Adobe RGB，不做后期调整（直出图）就用 sRGB。要注意的是相机上的色彩空间设置只对 JPEG 格式的照片有效。当使用 RAW 格式拍摄时，无论在相机上设置哪种色彩空间都是没有意义的。RAW 格式文件是一个记录场景信息的原始数据包文件，本身就拥有最大的色彩空间，堪称照片存储格式界的"大佬"。

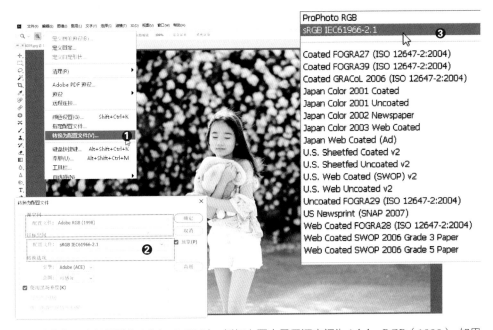

当照片的色彩空间设置为Adobe RGB时，例如上图中显示源空间为Adobe RGB（1998），如果要缩小照片用于网络分享，就需要选择菜单栏中的"编辑"＞"转换为配置文件"，将目标空间转换为网络显示支持的sRGB IEC61966-2.1。若色彩空间还是为Adobe RGB，照片会出现偏色

2. Camera Raw中的色彩空间选择

在Camera Raw中单击界面下方的信息提示条，会弹出工作流程选项。

信息提示条中依次显示当前照片的色彩空间、色彩深度、照片尺寸和分辨率

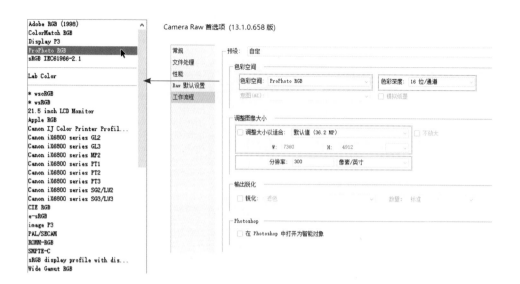

在色彩空间下拉列表中可以看到很多的色彩空间选项。这其中有相机上显示的 Adobe RGB（1998）和 sRGB 色彩空间。若是单纯的二选一，肯定要选 Adobe RGB（1998）。但这里先不急于选择，我们来看一下色彩空间演示图。

通过左图可以看到，ProPhoto RGB 色彩空间比 Adobe RGB（1998）色彩空间更大，所以 ProPhoto RGB 才是我们要选择的色彩空间。

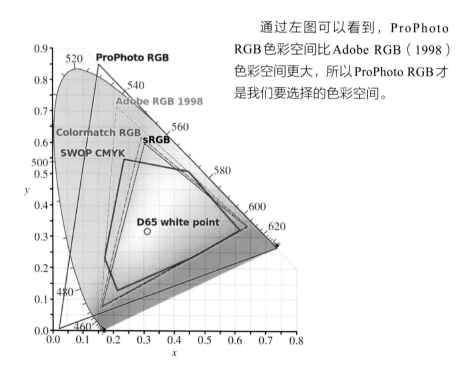

为了进一步验证色彩空间的大小差异，可以在 Camera Raw 中打开一张照片，切换不同的色彩空间，来观察直方图中的像素分布。

ProPhoto RGB的直方图左右两侧
没有溢出；Adobe RGB（1998）的直
方图左右两侧分别有蓝色和红色溢出；
而sRGB看起来有些不容乐观，其直方
图左侧出现了"死黑"。

蓝色溢出　　　　　　　　　红色溢出

色彩空间为Adobe RGB（1998）

出现没有细节的"死黑"

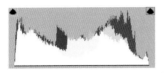

色彩空间为ProPhoto RGB

色彩空间为sRGB

2.1.2　色彩深度

1. 相机上的色彩位深

　　数码相机通过内置转换器将传感器捕捉到的模拟信号转换为最终成像的数字
信号。相机上常见的位数设置有12bit和14bit，bit是数字字节的基本单位。位数
设置得越大，捕捉到的灰阶就越多（12bit的每个像素可以捕捉4096级灰阶，而
14bit的每个像素可以捕捉16384级灰阶），获得的细节也就越多。

2. Camera Raw中的色彩位深

　　在Camera Raw中的色彩位深有16位/通道和8位/通道。位深是指每个颜色通
道（一张照片包括红、绿、蓝3个通道）中的每个像素点可以存储的灰阶值。

　　8位的图像中，每个通道分别有256级灰阶，3个通道为24位，一共有6144
级灰阶。16位图像中，每个通道分别有65536级灰阶，3个通道为48位，一共有
3145728级灰阶。很显然，设置为16位色彩位深，可以获得更多的灰阶，这样可
以极大地避免后期修片时出现色彩断层现象。注意：即使要调整的原片是JPEG
格式（8位），也建议将其转换成16位，这样可以减少后期处理对图像造成的损害。

2.1.3　照片存储格式

　　无论是在Camera Raw中直接保存照片，还是进入Photoshop中后再保存照片，
都需要根据需求设置正确的照片存储格式。常用的照片存储格式有TIFF和JPEG
两种。

TIFF

　　支持16位的色彩位深，可以存储Photoshop中的图层操作步骤，适用于保存
高质量的大图。

JPEG

只支持8位的色彩位深，大图可以用于要求不高的普通冲印，小图常用于网络分享。

每通道16位，
3通道48位

每通道8位，
3通道24位

JPEG存储选项   TIFF照片属性   JPEG照片属性

使用Photoshop打开JPEG或TIFF格式的照片时，会直接进入Photoshop界面中，如果想要在Camera Raw中打开照片，就需要进行简单的预设。

方法一

打开一张RAW格式的照片，若想自动进入Camera Raw中，需单击"打开首选项对话框"，在弹出的对话框中选择"文件处理"，然后在JPEG（TIFF）下拉列表中选择"自动打开所有受支持的JPEG（TIFF）"，单击"确定"，这样每次打开JPEG（TIFF）格式的照片就不会进入Photoshop中，而是会先进入Camera Raw中。

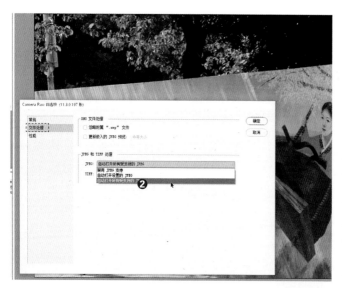

方法二

在Photoshop界面中，选择"编辑"＞"首选项"＞"Camera Raw"，同样会弹出Camera Raw首选项对话框。

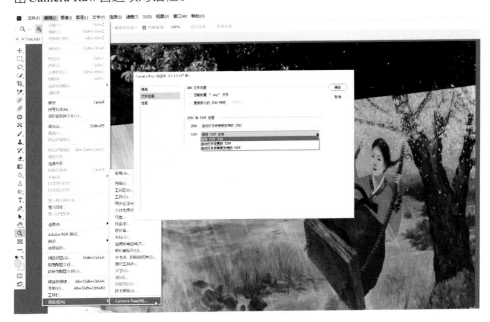

方法三

不设置Camera Raw首选项，在Photoshop中打开JPEG格式的照片后，选择"滤镜"＞"Camera Raw滤镜"，就可以进入Camera Raw中编辑当前的JPEG格式的照片。

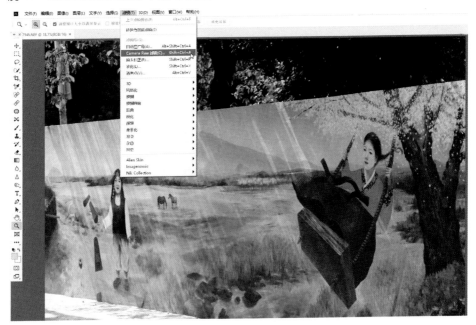

‖ 2.2 直方图的使用 ‖

2.2.1 用直方图分析曝光

直方图横轴从左到右代表0～255的亮度级别，最左端的0代表最黑（没有细节的黑色溢出），最右端的255代表最亮（没有细节的白色溢出）；纵轴代表每个亮度级别的像素数量。

理想的直方图是左右两侧碰墙而不起墙，如果出现起墙，直方图上方就会出现溢出警告。右图中左侧的白色三角形表示黑色溢出（没有细节的"死黑"），右侧的白色三角形表示白色溢出（没有细节的"死白"）。单击白色三角形，照片上白色溢出的

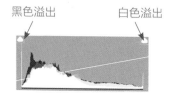

黑色溢出　　　　　　　白色溢出

区域会显示为红色、黑色溢出的区域会显示为蓝色，这个功能可以方便我们查找曝光溢出处并进行修正。

白色溢出

黑色溢出

如果显示为其他颜色，那么显示什么颜色就表示该颜色溢出、缺少细节。相比完全没有细节的白色和黑色溢出，少量的色彩溢出是可以接受的。

暗部青色溢出　　　亮部红色溢出

光的三原色由R、G、B 3色组成，分别是红色（R）、绿色（G）和蓝色（B）。后期调色就是以这3种颜色为基础的。当直方图最左端出现黑色溢出时（0），就表示R、G、B 3色的数值均为0；当最右端出现白色溢出时（255），就表示R、G、B 3色的数值均为255；如果R、G、B数值为255、240、245，就表示亮部有红色溢出。

📍 **后期调整时应避开的误区**

原则上，要避免"死黑"和"死白"的出现，但这也不是绝对的，例如上页图中阳光强烈的区域出现白色溢出就是合理的，符合光照原理，是可以接受的。

2.2.2　直方图并不是万能的

1.直方图重要吗

直方图很重要，它可以辅助我们进行有效的曝光和色彩调整。然而技术上的准确并不一定能得到理想的画面效果，最重要的还是我们对画面的感受，直方图只起到技术辅助的作用。

2.直方图分好坏吗

直方图没有好与坏之分。像素信息丰富的直方图，可能是一张色彩丰富而影调平淡的照片；像素信息较少的照片，却可能是一张韵味十足的灰调照片；出现起墙的直方图，却可能是一张表现高调或暗调的气氛大片。

直方图像素信息丰富，照片色彩绚丽，影调却有些平淡

暗部溢出并不影响暗调的氛围表达

亮部溢出并不影响高调的氛围表达

‖ 2.3　曝光调整的关键是理解影调 ‖

2.3.1　认识基础曝光调整项

在对照片进行基础曝光调整前，先来认识一下曝光调整的基本选项。

在 Camera Raw 中，从 0～255 的所有亮度级别被分为 5 个区间，分别是中间调区域（对应"曝光"滑块）、较亮区域（对应"高光"滑块）、较暗区域（对应"阴影"滑块）、最亮区域（对应"白色"滑块）和最黑区域（对应"黑色"滑块）。注意：拖动"高光"滑块影响的是较亮区域，这个高光与摄影中常说的高光溢出（曝光过度）中的高光是不同的。

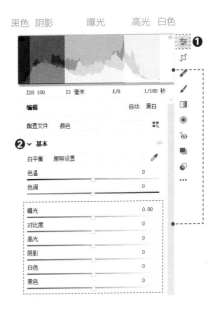

曝光

增加曝光会整体提亮画面，直方图会往亮部区域偏移；减少曝光会整体压暗画面，直方图会往暗部区域偏移。

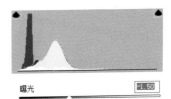

直方图偏向暗部，亮部缺少像素分布

向右拖动"曝光"滑块，画面被整体提亮，直方图向亮部偏移

向左拖动"曝光"滑块，画面被整体压暗，直方图向暗部偏移

黑色和白色

"黑色"滑块对应直方图调整中最黑的区域，在实际操作中，该滑块主要有两个作用。

①定义照片的黑场。

向左拖动该滑块，可以将画面加黑，当加黑至直方图左侧碰墙但不起墙时，就定义好了照片的黑场。

如何理解呢？首先，我们需要画面中黑的地方更黑，才能与亮的区域形成强有力的对比，这个黑不能是没有细节的死黑，也就是直方图左侧不能出现起墙。怎么办？可以使用"黑色"滑块控制直方图左侧不起墙而刚好碰墙。

暗部不够黑

向左拖动"黑色"滑块加黑。加黑到避免暗部出现溢出即可

②减少黑色区域的溢出。

当照片有黑色溢出时，可以向右拖动"黑色"滑块，减少溢出。

"白色"滑块的原理与"黑色"滑块相同，该滑块对应直方图中最亮的区域，主要用于定义照片的白场及减少白色区域的溢出。

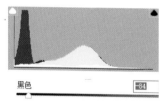
拖动"黑色"滑块加黑，但暗部出现黑色溢出

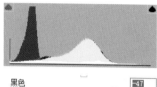
缩小调整幅度后，依然有少量的洋红色溢出，此时需通过权衡画面效果来判断溢出是否可以接受

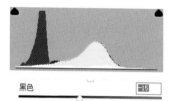
如果觉得画面效果不理想，那么就进一步缩小调整的幅度，直至消除暗部溢出为止

📍 后期调整时应避开的误区

定义黑白场是为了获得强烈的明暗对比效果，当然前提是在直方图左右两侧不出现起墙的范围之内。事实上，这种方法是有一定局限性的。客观来讲，它与直方图一样，只能作为曝光调整的辅助参考，因为最重要的是我们对照片的理解和感受，正如一张暗调的照片，即使直方图左侧有黑色溢出，它仍然可以是一张出彩的照片。

对比度

对比度会影响接下来要讲的亮部区域（较亮区域）和暗部区域（较暗区域），增加对比度会让亮部区域变亮、暗部区域变暗。但并非所有的场景都需要增加对比度，如在反差较大（逆光）的场景下，就需要降低对比度。

直方图左右两侧缺少像素分布，说明明暗对比不足

向右拖动"对比度"滑块，直方图向左右两侧扩展，明暗对比得到增强

阴影和高光

当调整完照片的曝光、黑白场、对比度后，就可以用"阴影"滑块和"高光"滑块对暗部和亮部区域做进一步的微调优化。向左拖动"阴影"滑块，可以压暗暗部区域；向右拖动则可以提亮暗部细节。向左拖动"高光"滑块，可以压暗亮部、修复高光细节；向右拖动则可以提亮高光。由于白色区域有保护，因此即使将高光提亮至100也不会出现曝光过度。

直方图右侧有白色溢出

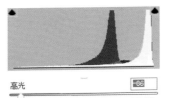
向左拖动"高光"滑块，消除白色溢出

"高光"滑块解决不了的溢出，就要靠"白色"滑块来解决。由此可见，"白色"滑块对溢出的控制才是相对"专业"的，而"高光"滑块更适合进行微调优化。

将高光调至−100，仍然无法消除右侧的白色溢出

将高光归零，向左拖动"白色"滑块，消除白色溢出

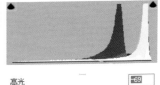
在调整"白色"滑块的基础上，向左拖动"高光"滑块，直方图会向左侧偏移，同时蓝色波峰和黄色波峰间的距离变大，表示画面中这两种颜色的对比被加强

以上滑块调整的先后顺序是从原理上给大家展示正确的操作流程。在实际运用中，参数值经常需要反复调整。例如，调整好白色的数值后，调整其他参数值时往往会影响到照片的整体曝光，这时就需要再次调整白色的数值，以优化照片的曝光效果。

下面我们来针对不同的影调，学习如何调整曝光。

2.3.2 平调：去灰加对比

扫一扫，即可观看本案例教学视频

效果图

解决照片发灰的方法是让画面中不够黑的地方黑下去，让不够亮的地方亮起来，这样明暗对比才会更明显。调整到什么程度合适呢？一要看画面的视觉效果；二要参照直方图，原则上要保证像素在直方图中从左到右都有分布，且左右两侧都碰墙但不起墙，当然这并不是绝对的。

原图

　　照片发灰的主要原因是场景中的对比度不足。例如雾霾天气、光线暗淡都会导致照片发灰。

光线暗淡，直方图两侧像素分布不足，照片发灰

光影丰富的场景明暗对比突出，这样的照片基本不存在发灰的问题，当然前提是拍摄时的曝光是准确的

步骤 01 调整曝光

向右拖动"曝光"滑块，整体提亮画面至亮度适中，提亮的幅度取决于读者对画面的感受，例如，人物照片可以以适中的脸部亮度为参照。如果前期拍摄的曝光很准确，那么可以不做曝光调整。

步骤 02 定义黑白场

①向左拖动"黑色"滑块，加深暗部，定义好照片的黑场。调整的度以直方图左侧不出现黑色溢出为准。

②向右拖动"白色"滑块，提亮亮部，定义好照片的白场，拖动时要避免直方图右侧出现白色溢出。

曝光	+1.20
对比度	0
高光	0
阴影	0
白色	+53
黑色	-34

步骤 03　调整对比度

增加对比度会让直方图中的像素从中间向左右两侧分布，这样就会让亮部变亮、暗部变黑，从而使原本发灰的照片变得通透起来。拖动时要避免直方图左右两侧出现起墙，如果为了画面效果而出现了溢出，可以通过"高光"和"阴影"滑块进行修复。

曝光	+1.20
对比度	+18
高光	0
阴影	0
白色	+53
黑色	-34

①观察画面，白墙的亮度略高，而暗部阴影偏重，整个画面的明暗对比较强。因此可以降低一些对比，让明暗之间的过渡更柔和，这样画面的整体效果才会更协调。向左拖动"高光"滑块，轻微压暗偏亮的白墙。

②向右拖动"阴影"滑块，轻微提亮暗部。这样明暗都做出一点让步，画面的对比效果不再那么生硬，看起来就会有一种"柔中带刚"的感觉。

📍 后期调整时应避开的误区

去灰不是一味地增加明暗对比，有些场景需要棱角分明，此时应用强对比就是合理的，但大多数场景需要有层次过渡的适度对比（第 7 章会介绍通过选取中间调来增加明暗对比的方法，这样可以有效避免明暗层次丢失）。

知识点

· · · · · · · · · · ·

①增加对比度的同时，会带来画面饱和度的提升，适当地降低自然饱和度既可以让照片色彩看起来真实自然，又可以有效减少色彩溢出。

②有的时候，为了追求柔美的意境，需要保留低对比度的层次与细腻感，此时就不适合增加画面的对比度了，反而需要降低对比度，但会让照片变灰。想要改善发灰，可以适当地增加饱和度。

原图

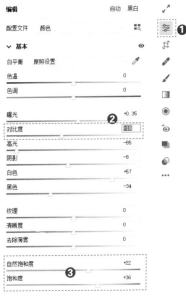

效果图

饱和度与自然饱和度的区别如下。

饱和度是针对所有色彩的整体调整；自然饱和度是有选择的部分调整，会先调整不饱和的色彩，再对已经饱和的色彩做最小幅度的调整。分别对饱和度和自然饱和度增加50，增加自然饱和度的过渡效果更加自然；分别减少饱和度和自然饱和度至−100，减少饱和度的照片变成黑白色，而减少自然饱和度的照片仍然保留了一部分色彩。

2.3.3 灰调：强调细腻的层次

扫一扫，即可观看本案例教学视频

效果图

灰调照片与需要去灰的照片的调整思路相反，调整时不需要让直方图中的像素布满左右两侧，而是致力于强调一种低对比度的画面意境。灰调照片常见于云雾天气的场景中。

原图

　　针对这张云雾照片，我们将用两种方法进行调整，目的是让大家更好地理解在调整灰调照片时应该关注什么。

方法一

步骤 01　整体提亮画面

　　增加一些曝光，方便分析照片。提亮后的照片有一种雾气缭绕的飘逸之美，很适合用来制作灰调效果。

步骤 02 **定义黑白场**

　　灰调照片不需要有很强的对比效果，应避免直方图中的像素布满左右两侧。在定义黑白场时，操作方法与为照片去灰相反，需要减少白色，增加黑色，以增加照片的灰度。

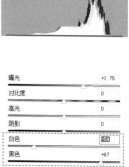

曝光	+1.75
对比度	0
高光	0
阴影	0
白色	-54
黑色	+67

步骤 03 **调整对比度**

　　灰调并非一灰到底，需要适度地增加对比度，让照片看起来更通透。增加对比度后，会同时提亮亮部和加深暗部，观察画面，暗部效果可以接受，但亮部区域的亮度偏高，特别是白色的房子，过于抢眼。

曝光	+1.75
对比度	+53
高光	0
阴影	0
白色	-54
黑色	+67

步骤 04　压暗高光

向左拖动"高光"滑块，减少高光，压暗偏亮的白色房子。

曝光	+1.75
对比度	+53
高光	-74
阴影	0
白色	-54
黑色	+67

步骤 05　增加饱和度

增加一些饱和度，让照片的色彩效果看起来不至于太灰。

曝光	+1.75
对比度	+53
高光	-74
阴影	0
白色	-54
黑色	+67
纹理	0
清晰度	0
去除薄雾	0
自然饱和度	0
饱和度	+33

　　仔细分析调整后的效果，画面的对比度和饱和度都不错，但感觉云雾少了些层次，云雾缥缈的感觉不够强烈。那么接下来，我们来尝试另外一种调整方法。

方法二

步骤 01 降低对比度

曝光、白色和黑色的调整与第一张照片的调整思路相同，参数值的不同可以忽略，记住一定不要记参数而要懂思路、记方法。在对比度的处理上，与第一种方法不同，这里选择降低对比度，目的是保留更多的云雾层次，但这样会让画面变得更灰。

曝光	+1.75
对比度	-28
高光	0
阴影	0
白色	-27
黑色	+73

步骤 02 保留层次的去灰

尝试增加饱和度来改善发灰，由于饱和度不宜过高，因此它的作用十分有限。接下来尝试用"去除薄雾"滑块来调整，向右拖动该滑块可以增加对比，向左拖动可以加强雾化效果。很显然，降低对比度和增加去除薄雾的组合，可以实现保留云雾层次的去灰。

曝光	+1.75
对比度	-28
高光	0
阴影	0
白色	-27
黑色	+73
纹理	0
清晰度	0
去除薄雾	+24
自然饱和度	0
饱和度	+29

📍 **后期调整时应避开的误区**

①只会用工具，缺少对画面的理解。工具是为画面效果服务的，缺少对画面的理解，即使手握金笔也是枉然。

②总想着一键修片。在进行参数调整时，很多摄影者往往会大幅度地增减参数，以求快速获得对比强烈、色彩饱和的画面效果。其实后期修片就像绘画一样，面对一幅灰蒙蒙的底稿，需要一点一点地勾勒出明暗结构、一层一层地上色，在这个过程中要反复地推敲每一步操作对整个画面的影响，达到"多一分则肥，少一分则瘦"的效果。

2.3.4 暗调：追求弱光下的氛围感

在理解暗调的定义前，我们先来看下面这张例图，在弱光环境下拍摄会出现两种曝光效果：一种是对暗部测光，会丢失现场氛围，把照片拍得很亮；另一种是对亮部测光，可以准确地还原现场氛围。这种准确还原弱光场景的照片就是具有暗调效果的照片。

扫一扫，
即可观看本案例
教学视频

使用点测光对准亮部测光

说到暗调照片就不得不提一下曝光不足照片，严格来说暗调和曝光不足都属于曝光不足，但暗调的曝光不足强调的是画面中的弱光氛围，属于合理的曝光不足；而曝光不足却是一种曝光失误，例如拍摄蓝天白云，结果拍成了漆黑一片。在后期调整时，曝光不足的照片需要对画面进行整体提亮；而暗调的照片则需要在保留原有影调氛围的前提下，有选择地轻微提亮画面。

拍摄这张照片时，笔者使用的是平均测光。当遇到大面积深色场景时，想要准确地还原场景，需要应用"黑减"的曝光补偿原理，这里减少了2EV的曝光补偿。

吸引笔者的是有年代感的椅子及椅子上的轻微反光，因此在拍摄时极力地想要压暗曝光来突出这抹微弱的光照，当然压暗不能是无限的，要尽量避免暗部出现曝光不足。

原图

当这张直方图左侧只有轻微的青色溢出时，曝光是恰到好处的。联想一下定义黑场的操作，这不就是一个不需要重新定义黑场的准确曝光吗？

效果图

步骤 01 **定义白场**

由于黑场已经表现得很好了，这里只需要向右拖动"白色"滑块，单独定义好白场即可。

曝光	0.00
对比度	0
高光	0
阴影	0
白色	+36
黑色	0

步骤 02 **增加对比度**

大幅增加对比度后，暗部出现了黑色溢出，这时可以考虑减小对比度。也可以暂时不管，用"高光"和"阴影"滑块修复一下，看效果如何，再确定是否需要减少一些对比度。

曝光	0.00
对比度	+54
高光	0
阴影	0
白色	+36
黑色	0

步骤 03 **用"高光"和"阴影"滑块修复细节**

向左拖动"高光"滑块，目的是压暗远处的背景亮光，避免其过于抢眼，影响到整个画面的暗沉氛围。

曝光	0.00
对比度	+54
高光	-78
阴影	0
白色	+36
黑色	0

向右拖动"阴影"滑块，目的是消除暗部的黑色溢出，如果调节阴影也不能搞定，那么就要通过减小对比度或者提亮黑色来消除溢出。

曝光	0.00
对比度	+54
高光	-78
阴影	+94
白色	+36
黑色	0

📍 后期调整时应避开的误区

在"基本"面板中进行曝光调整时，一定要从整体效果出发来把握调整的度，有的时候虽然消除溢出了，但对比效果不理想，这时就要权衡一下这种溢出是否会影响到整个画面，不影响就可以忽略。另外，由于这只是曝光调整的第一步，如果不是调整到这一步就保存并出图，那么在调整的过程中，没必要追求过于完美的调整效果，适当地留有一些调整空间，对后续的局部调整会更有利。

🍃 准确曝光的关键是拍摄者对画面的影调有所理解，而后期的曝光调整同样也是建立在理解影调的基础上的。

这张例图是在弱光环境下拍摄的，照片中有两个光源点，一个是画面左上角的窗户光，照亮了人物的脸部；另一个是人物右后方的窗户光，照亮了人物的背部。如果按照暗调画面的调整思路，需要压暗主体人物以外的环境。那么正确操作是不是这样呢？我们来看这张照片的操作步骤。

原图

效果图

步骤 01 压暗画面、定义黑白场

　　小幅度地整体压暗曝光，往暗调方向调整；向右加白，向左加黑，确定好黑白场；增加对比度。直方图最右侧的高光溢出先不管，后面用"高光"滑块来修复。

曝光	-0.15
对比度	+43
高光	0
阴影	0
白色	+17
黑色	-20

步骤 02 修复高光溢出

　　调整已经严重曝光过度的亮光区域（直方图右侧起墙，并向上无限延伸）。拖动"高光"滑块时，必须结合画面效果来调整，避免大幅压暗后亮光处发灰失真（当前压暗高光至-64，放大看细节，亮光处发灰）。有些场景的曝光过度并不一定要修复，因为它本来就没有细节，只要适当压暗一些，别太抢眼就可以；也可以通过后期添加柔光来进行美化。

过度压暗高光，画面发灰

曝光	-0.15
对比度	+43
高光	-64
阴影	0
白色	+17
黑色	-20

在上述调整的基础上，压暗高光至–30，使亮光处看起来不再发灰。

调整到这里，我们再来审视一下这张照片。首先，画面要表现的是什么内容？没错，表现的是人物晾面条的场景，但从以上调整后的效果来看，偏重于强调影调的暗沉，而弱化了画面的内容表现，结果面条和人物的脸部看起来都有些黑，难道整体画面要传递一种神秘感吗？很显然，这样的调整是对画面的错误解读。那么，我们改变一下调整思路。

步骤 03　提亮暗部

　　向右拖动"阴影"滑块，对暗部进行提亮，让整个画面变得明亮起来。这时画面呈现出的是一种对比合理、场景和人物都清晰的效果。由此可见，正确地理解画面，才是调整曝光的关键。

2.3.5　高调：高光细节的取与舍

扫一扫，即可观看本案例教学视频

效果图

 高调与暗调的画面效果相反，高调表达的是一种高亮缥缈的画面美感。其直方图中的像素会大量堆积在亮部区域（有时甚至可以允许出现一定程度的曝光过度），而暗部区域的像素分布极少。在后期调整时，要重点关注这类画面中的高亮部分，根据画面的整体协调感来提亮或压暗。

调整高调的作品时，场景中若有雪地和婚纱或者要处理鸟类的羽毛，要格外注意白色区域的细节和质感，避免使其过曝。

原图

例图看起来有一些暗淡，画面看起来有些"脏"，需要进行提亮美化。直方图中的像素大部分堆积在亮部区域，但像素最右侧距最亮端点还有一段距离，正是这一段距离缺少像素，导致了亮部不够亮。

曝光	+0.45
对比度	0
高光	+21
阴影	0
白色	+28
黑色	0

分别向右拖动"曝光""高光""白色"滑块，提亮照片，画面瞬间变得透亮，意境满满。拖动滑块时，既要避免直方图右侧出现"起墙"，又要看画面中的过渡效果是否柔和。由于要强调柔美的画面意境，因此对比度、阴影和黑色都不需要调整。

原图

拍摄雪景时，需要应用"白加"原理，增加曝光补偿，这样会让雪的颜色看起来更加接近白色，而不是灰白色。例图在拍摄时增加了1.7EV的曝光补偿，结合直方图来看，曝光的效果还是比较理想的，但仍然有向右曝光的空间。另外，画面存在一定的偏色，需要进行色彩校正。在对照片进行提亮时，应避免出现矫枉过正，调整时既要表现雪的白，又要体现雪的质感。除了可以放大至100%来查看雪的细节以外，还可以用一些技术手段来辅助调整，例如，用工具栏中的颜色取样工具在最亮的区域选点，然后控制参数在250以内，即R、G、B的数值均要低于250。

效果图

　　镜头的畸变和暗角是不可避免的，尤其是广角镜头。在"光学"面板中的配置文件选项卡下，勾选"使用配置文件校正"复选框后，软件会自动识别当前镜头，并进行自动校正。有两种照片使用的镜头是不会被自动识别的，一种是使用没有电子触点的老镜头拍摄的照片，另一种是使用JPEG格式拍摄的照片，对此只能手动选择制造商及机型来匹配。

　　大多数情况下，自动校正的效果只能作为调整参考，我们还需要手动拖动"扭曲度""晕影"滑块来调整暗角和变形。

　　既然畸变和暗角是不可避免的，那么我们是不是可以先不调整曝光，而先对镜头进行校正呢？答案是肯定的，这主要看个人的喜好。笔者更习惯先调整曝光，对画面有一定的初步判断，再开始其他的调整。

步骤 02　标记画面中高亮的点

工具栏中的颜色取样器最多可以建立9个取样点。这里我们分别增加一处天空（点1）、两处雪地（点2、点3）取样点，取样点的R、G、B数值会显示在照片上方。要取消某一取样点，只要按住Alt键单击该取样点就可以了，要取消全部取样点，则需单击 ↰ 图标。

步骤 03　调整曝光、校正白平衡

调整参数的过程中，取样点的数值会跟随参数的变化而变化，只要控制R、G、B数值均不超过250，就可以避免曝光过度。偏色的问题可以通过校正白平衡来解决，详细的白平衡校正方法请参见3.1节。

2.3.6　大光比场景要明暗兼顾

　　面对逆光这种大光比的场景，可以选择包围曝光方式分别对亮部和暗部测光，拍摄两张照片，然后进行后期曝光合成；也可以选择相信相机的宽容度，拍摄一张亮部曝光准确而暗部曝光不足的照片，然后对暗部进行提亮。为什么要保证亮部曝光准确呢？因为单反相机的动态范围对暗部的记录能力要好于亮部，例如尼康D750的动态范围在−4～2EV，意思是曝光不足可以修复的极限是4挡，但曝光过度的修复极限是2挡。

扫一扫，
即可观看本案例
教学视频

这是一张亮部曝光准确而暗部曝光不足的照片，这张照片的调整思路就是对暗部进行提亮，并避免在调整时出现高光溢出。

原图

　　首先整体增加曝光、定义黑白场（压暗白色、提亮黑色）、增加对比度，然后压暗高光、提亮阴影、微调曝光效果。这样就得到了一张明暗对比强烈、细节清晰可见的高质量底图。

曝光	+1.05
对比度	+40
高光	−93
阴影	+100
白色	−18
黑色	+73

效果图

大光比不仅限于逆光场景，例如下面这张大光比的照片就是在阳光强烈的正午拍摄的。

结合直方图来分析照片，这是一张曝光准确、明暗细节都有所体现的照片，只是亮部有一点红色溢出。

原图

进行调整前，先来分析一下画面的明暗结构：①最亮的点是画面上方的窗格；②次亮点是孩子的脸部；③最暗的点是孩子背后的阴影。调整的思路是压暗窗格的亮度、保持孩子脸部的亮度，同时轻微提亮孩子身后的阴影，表现一些细节，切记不能提得太亮，否则既违背了光照的原理，又破坏了画面的氛围。

效果图

在"基本"面板中调整曝光

①运用前面学到的曝光调整方法调整曝光，调整思路是压暗亮部、提亮暗部（操作步骤不再重复讲解），呈现出的画面给人一种亮度分布过于平均的感觉，丢失了原来照片中那种强烈的明暗对比氛围感。

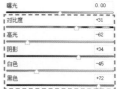

②针对上述问题，可选择调整黑色来加深暗部（数值从72减小到47），同时压暗整体曝光（降至−0.4），这样明暗对比的效果就得到了加强。但压暗的代价是孩子的脸部也被压暗了，这是因为脸部的亮度也在曝光和高光的影响范围之内。

③为了让脸部的亮度恢复正常，向右提亮一点高光（从−62增加到−32），这里不能增加曝光值，否则整个画面都会被提亮。但在提亮脸部的同时，窗格的亮度也被提高了。看来在"基本"面板中进行曝光调整很难实现我们想要的画面效果，因此，下面我们来学习使用局部工具进行调整。

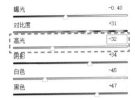

步骤 02　使用渐变滤镜压暗亮部窗格

单击工具栏中的"渐变滤镜"，在"选择性编辑"面板中减少曝光、压暗高光并降低一些饱和度（可以更好地还原窗格古色古香的韵味），然后自上而下拉出明暗渐变效果，这样窗格的亮度就被单独压暗。详细的局部调整方法请参见5.1节。

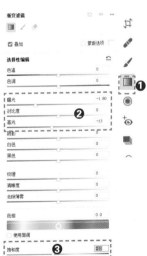

核心要点：

色彩风格千变万化，不要墨守成规，尝试带着自己的观点
去打造属于你自己的色彩风格。

第 3 章

Camera Raw 中的色彩调整

第3章 Camera Raw中的色彩调整

明暗调整是对画面的光影进行塑造，而色彩可以给画面增添活力。除此之外，色彩间的深浅对比、冷暖对比还会给画面带来视觉空间感的变化。色彩调整分为两个阶段：第一阶段是准确地还原色彩；第二阶段是艺术化地渲染色调。

‖ 3.1 玩转白平衡 ‖

一张白纸，在黄色灯光的照射下就会偏向黄色，放到绿色灯光下就会偏向绿色，相机上的白平衡功能就是用来纠正这种偏色现象，还原出白纸原本的"白色"。当相机的白平衡判断失误时，就需要通过后期调整进行白平衡校正，准确还原色彩。

扫一扫，
即可观看本案例
教学视频

3.1.1 用灰点校正白平衡

效果图

这是一张明暗反差较大的夜景照片，直方图中暗部有蓝色溢出，亮部有少量白色溢出。

原图

步骤 01 **调整曝光**

　　明暗反差较大的夜景照片的调整思路是提亮暗部、压暗亮部，平衡画面的明暗对比。

曝光	+1.05
对比度	+32
高光	-100
阴影	-20
白色	+27
黑色	+42

步骤 02 **使用白平衡工具校正白平衡**

　　①单击白平衡工具按钮，单击画面上最亮的白色位置，将弹出错误警示框，提示了"请点按亮度较低的中性区域"。这个中性区域指的就是画面中的灰点。

白平衡工具

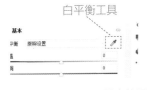

单击位置

白平衡的校正是以灰点为参考基准的，找到灰点将其校正为准确的白色，就可以校正整个画面的偏色。找灰点的技巧是寻找画面中原本应该呈现为白色的区域，例如被红色灯光照亮的白墙会呈红色，但我们知道白墙本身是白色的，因此白墙就是我们要找的"灰点"。

　　②移动白平衡工具，单击白墙上不是很亮的区域，原来整体偏冷蓝色的画面瞬间被校正为蓝紫色，而这正是笔者看到的那个醉人的晚霞的色彩。

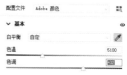

　　③选择灰点时，可以多次尝试，以得到最理想的色彩校正效果。接下来选择室内的白墙作为灰点，校正后的效果比上一张照片还要好，画面色彩的层次更加分明。

　　观察"基本"面板，白平衡的改变其实是通过拖动"色温""色调"滑块来实现的，因此我们也可以通过手动更改这两个选项的数值来校正白平衡，详见3.1.3小节用"直方图堆色法"校正白平衡。

如果使用白平衡工具校正的色彩不准确，那么一定是灰点选择错误。

下面这张照片选择的灰点在黄色的屋顶上，校正后的色彩偏向冷蓝色。

下面这张照片选择的灰点在蓝色的天空上，校正后的色彩偏向浑浊的暗黄色。

发现规律了吗？当你选择的灰点是蓝天时，软件会认为该位置的白平衡不准，然后会往该颜色的反相色彩（黄色）进行校正。

拍摄小技巧

· · · · · · · · · · · · · · · · ·

相机上有一项自定义白平衡功能，该功能的使用方法与后期校正白平衡时找灰点的原理近似。以尼康相机为例，按住相机顶部的白平衡设置键（WB），旋转主拨轮，选择 PRE（自定义白平衡）。

松开 WB 键后，再次按住 WB 键不放，直至液晶屏上的 PRE 不停闪烁，然后对准拍摄场景中的白色物体使其充满取景框，拍摄一张照片。当液晶屏上出现"Good"时，表示白平衡定义成功。

接下来，你会惊喜地发现再也不用担心室内复杂光线下拍摄的照片出现偏色问题了。

相机上可以存储多张用于自定义白平衡的照片，例如尼康 D810 相机可以存储 6 张（从 D1 ～ D6），按住 WB 键，然后转动副拨轮，就可以在 D1 ～ D6 切换。

3.1.2　预设白平衡

预设白平衡有着和相机上自定义白平衡功能相同的选项，当然这只在RAW格式的照片中才能看到，如果是JPEG格式，只有原照设置、自动和自定3个选项。

预设白平衡的操作很简单，通常选择"自动"就可以应对大多数场景的白平衡校正。

RAW格式照片的白平衡
选项

JPEG格式照片的白平衡
选项

当你对色温有一定的判断时，可以选择对应的白平衡预设，例如室内的荧光灯、白炽灯等。

3.1.3 用"直方图堆色法"校正白平衡

"直方图堆色法"是借助直方图上的色彩像素信息，手动调整色温和色调的方法。在介绍这种方法前，先来了解一下应用不同预设白平衡后的直方图和未应用预设白平衡前的直方图之间的差异。

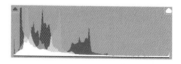

设置白平衡前

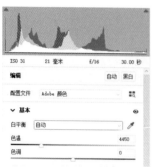

自动白平衡

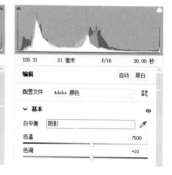

阴影白平衡

（中间一列图省略，日光白平衡）

日光白平衡

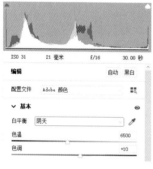

阴天白平衡

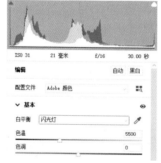

闪光灯白平衡

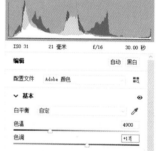

自定白平衡

原始照片的直方图上的红、绿、蓝等颜色像素呈现为分散排列的形态，而调整后的直方图上的颜色像素都呈现出不同程度的堆叠形态。我们知道光的三原色为红、绿、蓝3色，当这3色叠加后，就可以得到白色。由此可见，颜色堆叠实际上就是在还原画面中的白色，这与使用白平衡工具找灰点并将其校正为白色的原理是一致的。

明白了这一原理，在拖动"色温""色调"滑块时，只要尽量让颜色像素堆叠起来，就可以获得相对准确的白平衡校正效果。下面通过两组实例来验证这一说法。

实例一

步骤 01　**拖动"色温"滑块**

　　向左拖动"色温"滑块，直至颜色像素堆叠起来为止。在拖动的过程中，一定要结合画面效果来综合判断堆叠的效果。

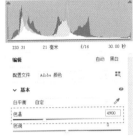

步骤 02　**拖动"色调"滑块**

　　向右拖动"色调"滑块，让颜色像素堆叠得更紧密。这样校正后的照片色彩看起来很准确。

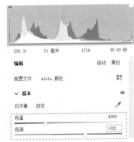

接下来，再用一张人像照片来验证使用"直方图堆色法"校正白平衡是否有效。拿到一张照片后，大多数拍摄者都习惯从个人的视觉感受出发去判断照片是否偏色，例如下面这张照片中人物的肤色看起来偏红和偏黄。到底是否偏色可以通过白平衡校正来判断。

实例二

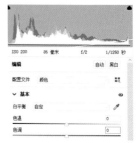

步骤 01 　拖动"色温"滑块

向左拖动"色温"滑块，可以看到原始直方图中的蓝色像素向右侧偏移，画面中人物皮肤的暖色褪去，变得白净起来。

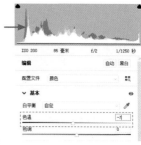

步骤 02　拖动"色调"滑块

　　向右拖动"色调"滑块（加洋红色），继续堆色。结合画面来看，照片中加入洋红色后，人物白色的皮肤看起来红润了一些。

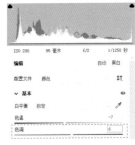

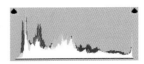

初始直方图

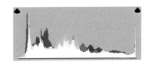

用"直方图堆色法"校正
白平衡后的直方图

　　对比调整前后人物肤色的变化及直方图堆色后的形态变化，说明"直方图堆色法"的确是一种非常快速且有效的白平衡校正方法。

校正白平衡前

校正白平衡后

3.1.4　用白平衡实现创意色调

艺术是天马行空、无拘无束的。我们可以用白平衡来校正色彩，也可以用白平衡来制作创意色调。

1.单色调整法

向左拖动"色温"滑块，画面会偏冷蓝色；向右拖动该滑块，画面会偏暖黄色。向左拖动"色调"滑块，画面会偏绿色；向右拖动该滑块，画面会偏洋红色。这种直接加色的效果很直观，也很容易理解。

原图

效果图1

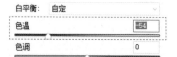

效果图2

效果图3

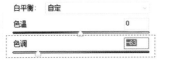

效果图4

2.同向混色法

　　同时向左拖动"色温""色调"滑块（加蓝色和绿色），画面会从浅青色逐渐过渡到青色；同时向右拖动"色温""色调"滑块（加黄色和洋红色），画面会从浅橙色逐渐过渡到红色。

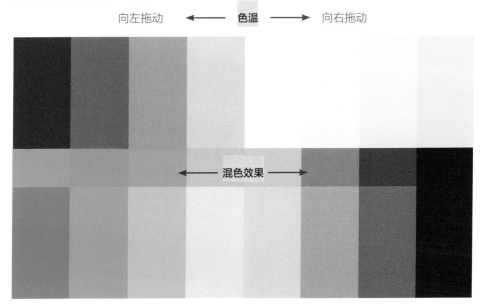

下面用两组照片来验证一下同向混色的效果。

实例一

加蓝色、绿色后，照片由暖黄色过渡到青色。

原图　　　　　　　　　　　　　　　效果图

实例二

加黄色、洋红色后，照片偏橙红色。

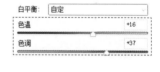

原图　　　　　　　　　　　　　　　效果图

将同向混色法应用到黑白照片上，可以让黑白照片变得更有年代感。

实例三

加蓝色、绿色后，照片偏青色。

原图

效果图

实例四

加黄色、洋红色后，照片看起来充满回忆感。

原图

效果图

3.对角混色法

对角混色法会带来什么样的效果呢？下面我们来具体看一看。

同时增加绿色和黄色，会获得浅黄色、浅绿色、翠绿色、鹅黄色等一系列的色调效果。当然前提是要控制好绿色和黄色的混合比例。

另外一组对角混色的主角是蓝色和洋红色，混合出的颜色效果有些另类，读者可自行尝试。

减少一些黄色，让绿色比例变大，画面就变成了绿中透黄的效果，如效果图1所示。

白平衡：	自定	
色温		+28
色调		−59

效果图1

效果图2

　　加黄色、绿色后，且黄色比例较大时，画面呈现出黄中透绿的色调效果，如效果图2所示。

白平衡：	自定	
色温		+53
色调		-54

‖ 3.2 HSL：任性的色彩拖动 ‖

"混色器"面板中的HSL是色相、饱和度和明亮度的英文首字母缩写。色相（H）代表了色彩的属性，如红色和黄色就代表两种色相；饱和度（S）代表色彩的鲜艳程度；明亮度（L）表示色彩的亮度。

3.2.1 想调哪里拖哪里

在HSL的每一个选项卡下都有8种颜色可供调整，拖动你想要改变的色彩的滑块就可以改变相应的颜色。

扫一扫，
即可观看本案例
教学视频

原图

步骤 01 改变色相

在色相选项卡下向左拖动"橙色"滑块，可以让画面偏暖橙色，这样原本浑浊的橙黄色画面就变得透亮起来。

很多时候，我们对色彩的判断会出现偏差，因为色彩不是独立的，它是由很多相近色掺杂而成的。例如调整草地时，我们会认为它是绿色的，但拖动"绿色"滑块后的改变却是很小的，反而拖动"黄色"滑块后色彩变化较大。当无法准确判断要调整区域的色彩时，使用目标调整工具在画面上单击并拖动，就可以自动取色。

步骤 02　增加饱和度

在饱和度选项卡下单击目标调整工具按钮，然后在天空位置单击并拖动，此时"橙色""黄色"滑块在同时变化，这表明该区域的色彩中包含了橙色和黄色。

目标调整工具

步骤 03　压暗天空亮度

在明亮度选项卡下使用目标调整工具在天空位置压暗色彩，同样影响到了橙色和黄色。

效果图

3.2.2 一步提亮肤色

扫一扫，即可观看本案例教学视频

效果图

提亮肤色的步骤是先校正白平衡，然后在 HSL 中的明亮度和饱和度选项卡下，拖动"橙色""红色"滑块来调整肤色。

原图

步骤 01 　校正白平衡

使用"直方图堆色法"改变色温、色调，校正白平衡。

校正白平衡前

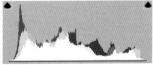

校正白平衡后

在明亮度选项卡下，使用目标调整工具在人物脸部拖动，提亮肤色。此时"橙色"和"红色"滑块在发生变化，"红色"滑块的变化会影响人物的腮红颜色和唇色。

提亮人物肤色后，可以适当降低一点饱和度，让脸部看起来更白净。在调整人物肤色时，饱和度的调整幅度不宜过大，降低太多，脸部会缺少血色；增加太多，肤色会看起来偏黄。

步骤 03　**提亮眼白**

在明亮度选项卡中使用目标调整工具提亮眼白（影响蓝色和紫色）。

切换至饱和度选项卡，使用目标调整工具降低眼白区域的饱和度。

📍 后期调整时应避开的误区

　　目标调整工具并不是万能的，例如在调整 A 区域时，如果 B 区域也有相同的颜色，而 B 区域又是我们不想调整的区域，则就不适合使用目标调整工具，而必须手动拖动滑块进行调整。

3.2.3　调色的关键：色调的融合

扫一扫，即可观看本案例教学视频

效果图

色调融合是指画面整体色彩呈现出一种统一感，它可以是近似色的柔和过渡，也可以是对比色的"大起大落"，调整的重点是要突出主色调，弱化干扰色。

原图

步骤 01 调整曝光

在"基本"面板中增加曝光、定义黑白场、提高对比度、压暗高光和阴影。

自动	默认值	
曝光		+0.95
对比度		+36
高光		−79
阴影		−32
白色		+55
黑色		+53

使用"直方图堆色法"改变色温和色调，校正白平衡。

| 色温 | 4650 |
| 色调 | +22 |

③ 亮度低

④ 色彩不够纯正

⑤ 色彩不够纯正

② 亮度高

① 偏色、亮度高

在使用HSL进行色彩调整前，先要分析画面中哪些区域需要调整。

①地面偏色、亮度过高。

②白色纱裙、衣袖亮度过高。

③远景人物脸部的亮度不足。

④青衣人物的衣服色彩不够纯正。

⑤黄衣人物的衣服色彩不够纯正。

步骤 03 **调整舞台**

在饱和度选项卡中使用目标调整工具在舞台位置拖动,降低饱和度(影响蓝色和紫色);在明亮度选项卡中压暗舞台;在色相选项卡中改善偏色。

步骤 04 **压暗白色衣袖，提亮红衣人物脸部**

在明亮度选项卡中使用目标调整工具压暗白色衣袖（影响橙色和黄色）。

提亮红衣人物脸部（影响红色和橙色）。

步骤 05 **调整衣服的色相**

在色相选项卡中使用目标调整工具分别在青衣、黄衣人物衣服上拖动，改变色相。

‖ 3.3　色调曲线：创造无限可能 ‖

3.3.1　色彩中的补色、相近色和相似色

补色：从光的三原色红（R）、绿（G）、蓝（B）开始，与它们成180°角对应的是其补色，分别是青色、洋（品）红色、黄色；补色的原理是此消彼长的，例如加红色可以减青色，加青色可以减红色。

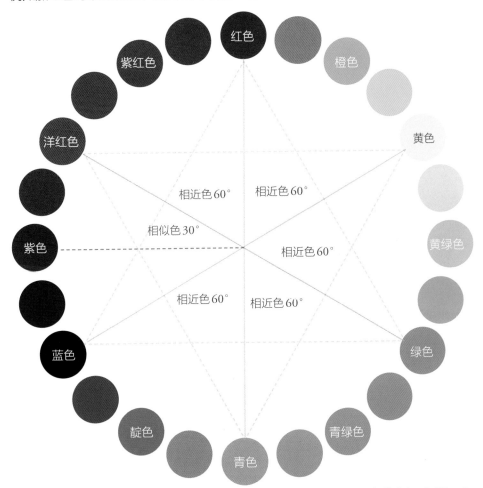

相近色：色相环中夹角在60°以内的色彩为相近色，以红色为例，左侧60°夹角处的颜色为洋红色，右侧60°夹角处的颜色为黄色，洋红色加黄色就可以混合出红色。

相似色：色相环中夹角在30°以内的色彩为相似色，例如紫色和洋红色是相似色、黄色和橙色是相似色。

为了更好地掌握色彩混合的原理，我们来看一下色彩的混合效果图。首先是光的三原色之间的混合，红色和绿色混合出黄色、红色和蓝色混合出洋红色、蓝色和绿色混合出青色。这6种颜色使众多的调色成为可能。

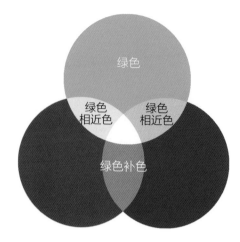

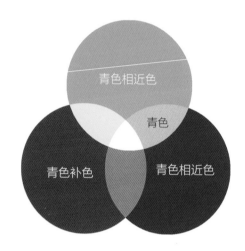

例如，想要调整绿色，就要增加绿色的相近色（黄色和青色）、减少绿色的补色（洋红色）。

想要调整青色，那么就增加青色的相近色（绿色和蓝色）、减少青色的补色（红色）。

3.3.2　曲线中的调色原理

曲线中包含了红色、绿色、蓝色 3 个通道。选择红色通道，在曲线上增加一个锚点并向下拖动可以加青色减红色，向上拖动可以加红色减青色；选择绿色通道，向下拖动锚点可以加洋红色减绿色，向上拖动可以加绿色减洋红色；选择蓝色通道，向下拖动锚点可以加黄色减蓝色，向上拖动可以加蓝色减黄色。

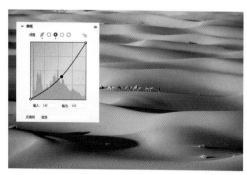

红色通道，向下拖动加青色

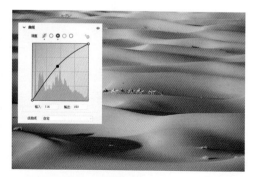

红色通道，向上拖动加红色

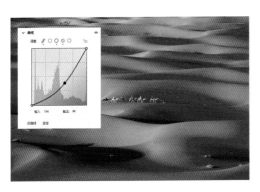

绿色通道，向下拖动加洋红色

绿色通道，向上拖动加绿色

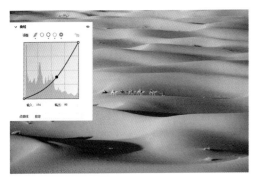

蓝色通道，向下拖动加黄色

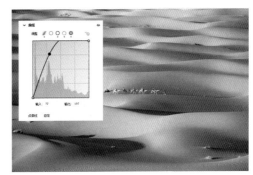

蓝色通道，向上拖动加蓝色

　　曲线中上下拖动的操作是应用了色彩中的补色原理，即红色对青色、绿色对洋红色、蓝色对黄色。接下来，我们来看一组综合了补色和相近色的色彩调整。

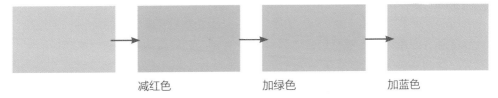

减红色　　　　　　加绿色　　　　　　加蓝色

　　想要增加青色，运用补色原理，在红色通道下拖动曲线加青色减红色；利用相近色原理，在绿色通道中加绿色、在蓝色通道中加蓝色。这样调整后得到的青色非常纯正。

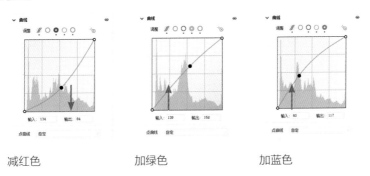

减红色　　　　　　加绿色　　　　　　加蓝色

我们要调整红色、绿色、蓝色、青色、洋红色、黄色时，可以参照色彩混合原理图，在曲线的3个通道中，通过减补色、加相近色来实现。

实际修片中，并不仅有这6种颜色，例如我们经常会遇到紫色、橙黄色、橙红色的画面，这些颜色的调整该如何在曲线中实现呢？

分析如下。紫色与洋红色之间的夹角为30°，二者属于相邻色，因此紫色的补色和相近色与洋红色是很接近的。按照增加洋红色的调整方法，应用补色原理在绿色通道中向下拖动曲线，减绿色加洋红色；利用相近色原理，在红色通道中加红色、在蓝色通道中加蓝色，这样就能增强紫色的效果。

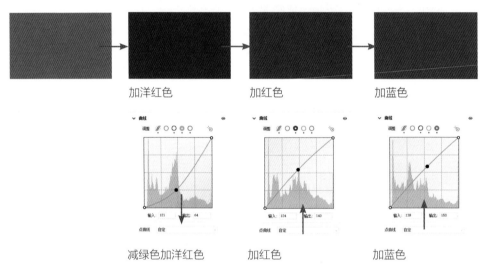

如果在蓝色通道中，不加蓝色而加黄色，色彩就会变为红色。这里用的就是相近色的原理，洋红色（紫色）+黄色=红色，当然紫色和黄色混合后得到的红色纯度不及洋红色和黄色混合后得到的红色纯度高。如果在蓝色通道中黄色加的量不大，那么混合后得到的色彩就会不够红，而偏洋红色。

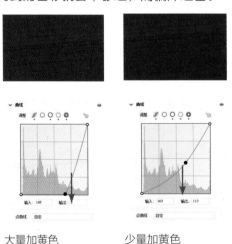

大量加黄色　　　少量加黄色

上面讲的是在紫色（洋红色）中加黄色，黄色加少了，混合后的颜色就会偏洋红色，黄色加够了就会中和为红色。

下面我们反过来，在黄色中加入洋红色，洋红色加的少时，混合后的颜色偏橙色，洋红色加的够多时也会中和为红色。

青色和洋红色是蓝色的相近色，二者混合后会得到蓝色。若青色比例高一些，整体会偏靛色；若洋红色比例高一些，整体会偏紫色。

黄色和青色是绿色的相近色，二者混合后会得到绿色。若黄色比例高一些，整体会偏黄绿色；若青色比例高一些，整体会偏青绿色。

由此可见，色彩调整会随着混合比例的不同，而得到不同的效果。当然，万变不离其宗，掌握好色彩混合原理就能以不变应万变。

3.3.3　百变肤色

很多摄影者在使用曲线调色时，都会觉得曲线不好控制，导致调出的色彩看起来怪怪的。其实，牢记前面讲到的色彩混合原理，曲线调色并不难。

扫一扫，即可观看本案例教学视频

分析案例原图，人物的肤色偏暖黄色。

原图

步骤 01　用"直方图堆色法"还原肤色

在"基本"面板中，拖动"色温""色调"滑块，校正白平衡，改善肤色。调整后的肤色看起来还是偏红，这时不要再在色温、色调上纠结，直接进入曲线中进行调整。

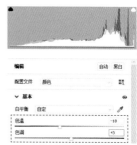

步骤 02　**微调曲线改变肤色**

　　解决人物肤色偏红的问题，既可以在红色通道中加青色（减红色）来解决，也可以在绿色通道中加绿色（减洋红色）来解决。确定好大的调整方向后，具体调整到什么程度就取决于个人的审美了。

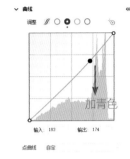

效果图1

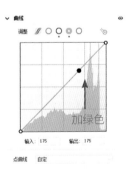

效果图2

3.3.4　金色沙漠

扫一扫，即可观看本案例教学视频

调色前要先想象画面适合用什么色调来表现，例如，拍摄沙漠时可以用橙黄色来表现阳光照耀下的温暖的感觉。要实现橙黄色调，需要在曲线的红色通道中加红色、在绿色通道中加洋红色、在蓝色通道中加黄色。

原图

效果图

步骤 01　在红色通道中加红色

在红色通道中，向上拖动锚点加红色。

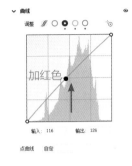

步骤 02　在绿色通道中加洋红色

在绿色通道中，向下拖动锚点加洋红色。

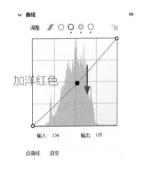

步骤 03　在蓝色通道中加黄色

在蓝色通道中，向下拖动锚点加黄色。

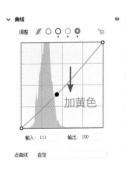

3.3.5 玩转曲线的技巧

讲了这么多曲线的调色技巧，下面来介绍一下如何使用曲线调整画面的明暗。

默认状态下的曲线是一条呈45°角倾斜的直线，这条直线从左下到右上，代表了0～255的色阶分布。直线与浅灰色的方格形成了5个交汇点，划分出了不同的亮度区域。最两端的交汇点代表了最暗（0）和最亮（255），左下第二个交汇点的色阶值为64、中间交汇点的色阶值为128、右上第二个交汇点的色阶值为192。这些交汇点将曲线调整的区域划分为最暗、最亮、暗部区域、中间亮度区域和亮部区域。

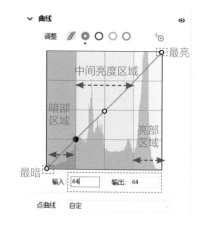

在曲线上单击增加锚点后，将其向下拖动可以压暗画面，向上拖动可以提亮画面。

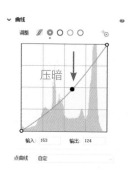

锚点位置会影响到曲线的弧度，从而影响画面的亮度效果。

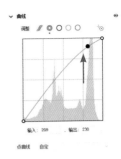

在亮部区域增加锚点，向上拖动后曲线的弧度小，画面整体提亮的程度低

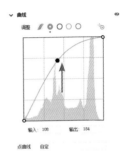

在中间亮度区域增加锚点，向上拖动后曲线的弧度大，画面整体提亮的程度高

　　增加一个锚点并上下拖动只能整体提亮或者整体压暗，如果想要精准地控制各个区域的亮度，就需要增加多个锚点，在曲线上最多可以添加16个锚点（包括左右两个端点）。

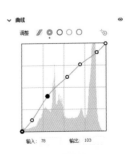

想要精准地控制画面亮度，就要用到吸管功能，按住 Ctrl 键，移动呈吸管状的鼠标指针至想要调整亮度的区域并单击，曲线上就会增加对应的锚点。如果要去掉曲线上的锚点，同样需要按住 Ctrl 键，移动鼠标指针至要删除的锚点上，当出现剪刀图标时，按 Delete 键删除。

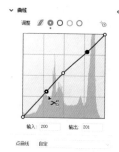

　　除了可以整体压暗和提亮，还可以使用曲线来提亮亮部、压暗暗部，从而加强明暗对比。操作方法是在亮部区域增加一个锚点并向上拖动，提亮亮部；然后在暗部区域增加一个锚点向下拖动，压暗暗部，这样就形成了明暗对比强烈的 S 形曲线。

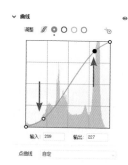

增加对比的相反操作是减小对比，方法是提亮暗部，压暗亮部。

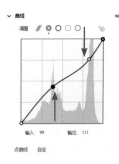

　　曲线的调整方法还有很多，例如拖动最暗和最亮的锚点，可以有效控制最暗和最亮区域的明暗。

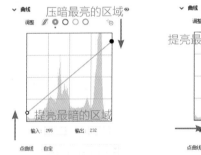
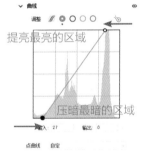
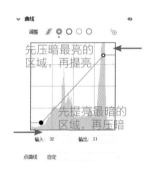

　　另外，如果你不熟悉曲线的操作，那么可以在"曲线"面板中拖动"高光"（最亮区域）"亮调""暗调"和"阴影"（最暗区域）滑块来调整画面的明暗对比。

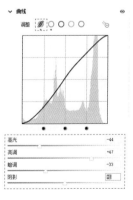

3.3.6 童话里的色彩

扫一扫,即可观看本案例教学视频

原图是一张色彩绚丽的照片,却不是一张耐看的照片。它存在的问题有两点。

① 色彩杂乱,色彩饱和度高的蓝天、红色房子及暖色灯光之间的色彩撞击带来了视觉上的跳跃感。

② 画面的明暗过于平均,缺少由暗到亮的层次过渡。

以上两点导致了画面视线中心分散。在进行调整前,要先确定谁是要表现的主体,很显然夜色中的暖色灯光是最吸引眼球的,那么围绕它需要弱化天空、草地以及红色房子的色彩和亮度。

原图

步骤 01 在蓝色通道中，为亮部减蓝色、暗部加蓝色

选择蓝色通道，在亮部区域增加锚点并向下拖动，减蓝色，让天空看起来不那么蓝，向下拖动的同时也降低了蓝色天空的亮度；向上拖动最暗端点，给暗部加蓝色，这样黄绿色草地和蓝色天空的色调就趋于统一了。另外，为亮部减蓝色还会影响到黄色灯光，减蓝色等于加黄色，因此灯光会变得更黄。

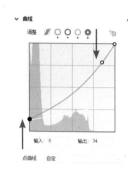

调整到这一步，夜色的氛围就有了。但此时的画面还不够通透，原因是背景天空、暖色灯光和红色房子的色彩都偏重，所有色彩都重就会让画面显得拥堵，从而缺少层次过渡。下面我们将天空的颜色调浅一些，这样就能与灯光拉开层次，画面就会变得通透起来。

步骤 02 在绿色通道中加绿色

选择绿色通道，添加两个锚点并向上拖动，为亮部和暗部都加绿色，蓝色天空加绿色后会偏青色，黄色灯光加绿色会偏黄绿色，草地加的绿色与上一步加的蓝色混合后也会偏青色。

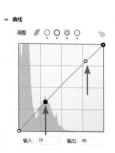

步骤 03　**在红色通道中加红色**

选择红色通道，添加3个锚点并向上拖动，为暗部、亮部都加红色（减青色），天空的颜色经过减蓝色、加青色、再减青色3次调整后，呈现出一种符合夜色初上的基调的浅黛蓝色，此时画面立刻变得通透起来。另外，黄色灯光经过加黄色、加绿色、再加红色的调整后，偏暖橙色，在视觉上给人家的温暖感。

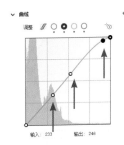

步骤 04　**增加明暗对比**

选择点曲线，分别在亮部和暗部区域添加锚点，再向上和向下拖动，拉出S形曲线来加强对比，完成调整。

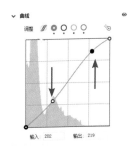

3.3.7 阳光小清新

小清新的照片往往呈现出一种低对比度、高亮度的画面效果，简而言之就是需要提亮色彩。

扫一扫，即可观看本案例教学视频

原图

效果图

步骤 01　在点曲线中整体提亮画面

　　选择点曲线，在中间亮度区域添加锚点并大幅向上拖动，整体提亮画面。受逆光拍摄的影响，在亮部区域已经不适合继续提亮的情况下，暗部仍然不够亮，因此需要向上拖动暗部端点，对暗部进行单独提亮。

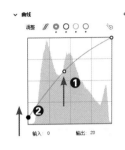

步骤 02　在3个通道中拉出S形曲线

分别在红色、绿色、蓝色3个通道中添加多个锚点，拉出S形曲线，然后做小幅度的微调，就可以获得清新透亮的效果。

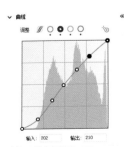
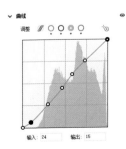
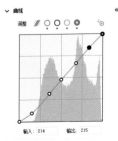

‖ 3.4　颜色分级：好用的分层上色 ‖

如果色彩平淡无从下手，可以试试使用颜色分级给照片着色。

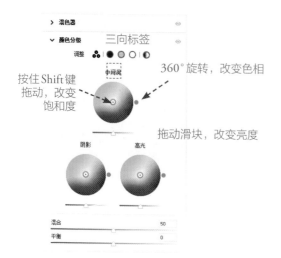

在"颜色分级"面板的三向标签下有3组色轮，分别用于对画面中的中间调、暗部和亮部区域进行调整。拖动色轮外的实心点（360°旋转）可以改变色相。拖动色轮上的灰色圆圈可以同时改变色相和饱和度；如果只需调整饱和度，那么按住Shift键拖动灰色圆圈。拖动色轮下方的滑块，可以改变明亮度。

🌿 "混合"滑块控制的是原色和添加色的混合程度：向左拖动，混合程度低；向右拖动，混合程度高。"平衡"滑块控制的是原色与添加色的比例：向左拖动，原色的比例高；向右拖动，添加色的比例高。

原图

效果图

选择单独的"阴影""中间调""高光"选项卡，可以放大显示色轮，方便操作。另外，单击红框中的小三角形可以展开隐藏栏，这样就可以通过拖动滑块来改变色相和饱和度了。

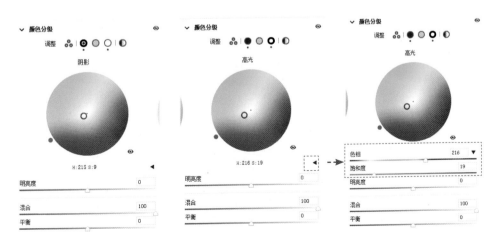

下面再通过两组实例来演示颜色分级的应用。

实例一

在"高光"选项卡下，拖动"色相"滑块给亮部区域添加绿色，此时画面的色彩并不会发生变化，还需要增加饱和度的数值才能实现色彩的添加。添加绿色后，画面中较重的橙黄色看起来轻盈了很多，色彩层次也更加丰富。

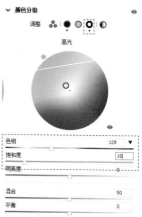

原图

在"阴影"选项卡下，拖动"色相"滑块至蓝色区域，适当提高饱和度，给暗部区域加蓝色，这样就营造出了层次分明的冷暖对比效果。拖动"混合"滑块至100，向左拖动"平衡"滑块，让整体色彩偏原色。

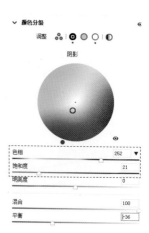

效果图

实例二

　　青黄、青绿色调常见于人文纪实类作品。调整这类作品色调的方法是为高光加青色、为阴影加黄色。

原图

效果图

‖ 3.5　校准：谜一般的调色神技 ‖

Camera Raw中的校准是一个较为特殊的存在，它的颜色调整不像看起来那样只对红、绿、蓝3色进行调整，而是会影响到画面中的很多颜色。

3.5.1　校准中的色相原理

下面我们借助24色相环，对色相数值进行最大化的调整，以便更好地分析色彩的变化规律。向左拖动红原色的"色相"滑块至–100，会使红原色的色相偏洋红色，其他受影响较大的是黄色（减弱）和蓝色（减弱），画面整体呈现出以洋红色和青绿色为主的对比效果；向右拖动红原色的"色相"滑块至+100，会使红原色的色相偏橙色，其他受影响较大的颜色是洋红色（减弱）和绿色（减弱），画面整体呈现出以橙黄色和蓝绿色为主的对比效果。

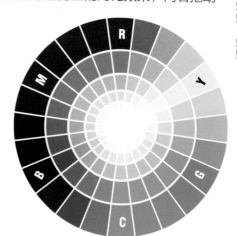

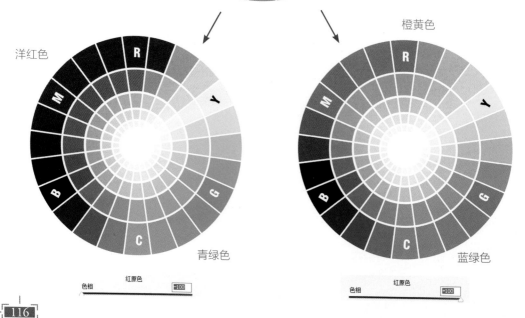

向左拖动绿原色的"色相"滑块至−100，会使绿原色的色相偏黄绿色，其他受影响较大的颜色是蓝色（增强），画面整体呈现出以黄绿色和蓝紫色为主的对比效果；向右拖动绿原色的"色相"滑块至+100，会使绿原色的色相偏青绿色，其他受影响较大的颜色是黄色（减弱）和洋红色（增强），画面整体呈现出以青绿色和玫红色为主的对比效果。

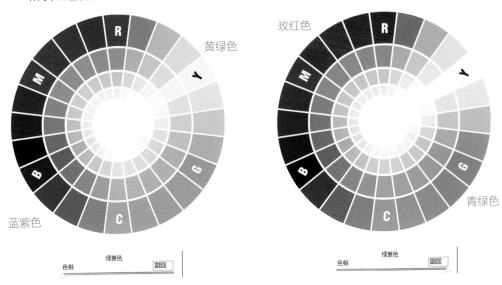

向左拖动蓝原色的"色相"滑块，会使蓝原色偏青色，其他受影响较大的颜色是黄色（红色增强，偏橙色），画面整体呈现出以橙红色和青蓝色为主的对比效果；向右拖动蓝原色的"色相"滑块至+100，会使蓝原色偏紫色，其他受影响较大的颜色是黄色（黄色减弱，偏黄绿色），画面整体呈现出以紫色和黄绿色为主的对比效果。

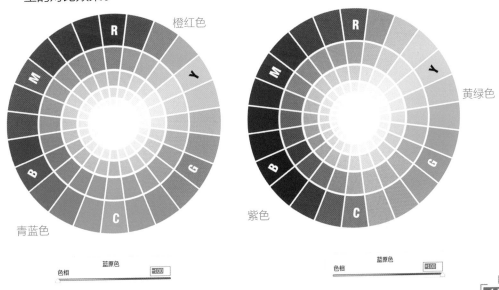

3.5.2 校准中的饱和度原理

增加红原色的饱和度数值至+100，会整体增加画面的饱和度，其中红色饱和度的增加最为明显；增加绿原色的饱和度数值至+100，会相对平均地增加所有颜色的饱和度；增加蓝原色的饱和度数值至+100，同样也会整体增加画面的饱和度，其中蓝色饱和度的增加最为明显。

加饱和度

红色饱和度+100

绿色饱和度+100

蓝色饱和度+100

　　减小饱和度的颜色变化与增加饱和度的一致，减小红原色的饱和度，会重点影响红色的饱和度；减小蓝原色的饱和度，会重点影响蓝色的饱和度；而减小绿原色的饱和度后，色彩整体变化较为平均。

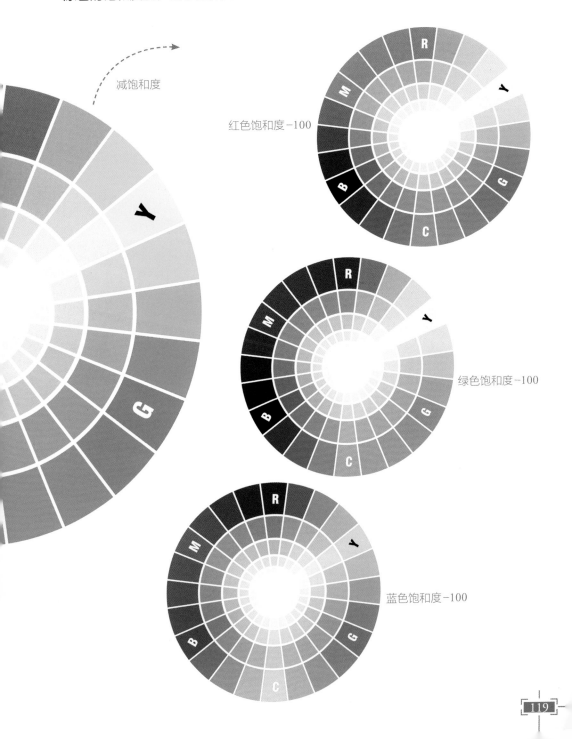

减饱和度

红色饱和度-100

绿色饱和度-100

蓝色饱和度-100

3.5.3 让肤色更通透、更立体

用好校准可以让色彩更有层次，从而实现通透、立体的画面效果。

扫一扫，即可观看本案例教学视频

原图

先大幅度增加绿原色的饱和度，然后小幅度减小红原色和蓝原色的饱和度，可以轻松营造出色彩的层次感。

效果图

步骤 01　**增加绿原色的饱和度**

大幅度增加绿原色的饱和度，从而增加画面整体饱和度。

整体加饱和度后，无法起到拉开色彩层次的作用，想要营造色彩的层次感，需要让色彩有强也有弱。下面我们通过减少红原色和蓝原色的饱和度来丰富色彩的层次感。

步骤 02　**减少红原色和蓝原色的饱和度**

减少红原色和蓝原色的饱和度，直至人物脸部变得玲珑通透。

3.5.4　提升画面的色彩层次感

扫一扫，
即可观看本案例
教学视频

🌱 原图中窗外的色彩是丰富的，但因为是阴天，色彩看起来不够明亮，给人一种沉闷的感觉。下面我们将通过调整色相和饱和度来丰富画面的色彩层次，使照片看起来更加自然。

调整思路有以下两点。

①通过加洋红色和红色，让橙红色树木的色彩丰富起来。

②通过减黄色和加青色，丰富绿植的色彩层次。

原图

效果图

步骤 01 加洋红色、减黄色，强调橙红色和青绿色之间的对比

　　向左拖动红原色的"色相"滑块，会使红原色偏洋红色，并使黄色减少，画面整体呈现出橙红色（橙红色树木加入洋红色）和青绿色、黄绿色（绿植加入青色）的对比效果。

步骤 02 加青色和洋红色，进一步强调橙红色和青绿色之间的对比

　　向右拖动绿原色的"色相"滑块，会使绿原色偏青色，并使洋红色增加，这样画面整体依然呈现出橙红色（橙红色树木继续加入洋红色）和青绿色的对比效果。

步骤 03 加青色和红色，优化橙红色和青绿色之间的对比

向左拖动蓝原色的"色相"滑块，会使蓝原色偏青色，并使红色增加，这实际上是在优化已经是橙红色的树木（加红色）和绿植（加青色）。

步骤 04 先加色，后减色

大幅增加绿原色的饱和度，然后少量降低红原色和蓝原色的饱和度。经过以上的调整后，画面的色彩层次变得非常丰富。

‖ 3.6　调色技巧的综合运用 ‖

3.6.1　让色彩通透起来

　　通透是指一种透气、具有层次感和穿透力的视觉效果。在调片的过程中，想要获得通透的效果，一定要学会控制画面的色彩层次与过渡。

扫一扫，即可观看本案例教学视频

最终效果

下方原图给人一种灰蒙蒙的感觉，很多人会觉得这样的画面很好、很写实，但这只是停留在感官层面的欣赏，真正的摄影艺术是需要用多样化、情绪化、夸张化的表现方法去诠释的。

原图

初次调整效果

上图是笔者初次调整后的效果，画面色彩强烈，但不够通透，有一些沉闷。原因是在调整过程中，只注重了强调色彩的夸张效果，却忽略了色彩的层次过渡。下面进行详细调整。

步骤 01　增加对比

　　分别在曲线上的亮部、中间亮度和暗部区域添加4个锚点（暗部添加了2个锚点），上下拖动锚点，拖出S形曲线，以加强对比。

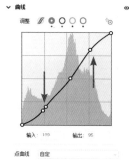

步骤 02　用曲线通道调色

　　选择蓝色通道，在亮部、中间亮度和暗部区域增加3个锚点，向上拖动点①，给暗部增添蓝色，向下拖动点②和点③，给亮部和中间亮度区域增加黄色。

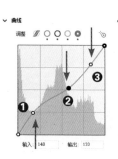

　　选择绿色通道，在亮部、中间亮度和暗部区域添加3个锚点，向下拖动3个点，以减绿色（加洋红色），这样在大量黄色中混入少量洋红色，会使画面呈现为橙黄色。

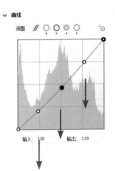

　　选择红色通道，在亮部、中间亮度和暗部区域添加3个锚点，向下拖动点①给暗部加青色，向上拖动点②和点③，给中间亮度和亮部区域加红色，这样原本呈橙黄色的亮部区域在加入红色后，就会呈现为更具美感的橙红色。

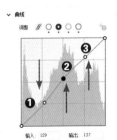

在"混色器"面板中调整光线色彩

　　在"混色器"面板的"饱和度"选项卡中，向左拖动"黄色"滑块，降低光线中黄色的饱和度；在"色相"选项卡中，单击目标调整工具并在光线位置拖动，使光线偏橙红色（橙色偏向红色、黄色偏向橙色）。以上两步操作有效地弱化了黄色、加强了橙色和红色，丰富了光线照射区域的色彩层次。最后在"明亮度"选项卡中，使用目标调整工具在光线位置拖动，目的是提亮光线，让画面变得更透亮。

步骤 04　**在"校准"面板中调整光线，使其偏橙红色**

在"校准"面板中做进一步润色。向左拖动蓝原色的"色相"滑块，画面会呈现出橙红色效果（蓝原色色相向左变化，会使蓝原色偏青色，同时增加红色，红色与黄色混合后就会得到橙红色）。向右拖动蓝原色的"饱和度"滑块，增加饱和度。

步骤 05　**消除高光溢出**

调整过程中记得随时查看直方图的变化，以辅助我们对画面明暗进行判断。可以看到此时直方图中显示亮部区域有溢出，对此需要回到"基本"面板中减少高光来修复溢出。

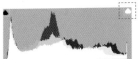

亮部溢出

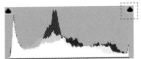

减少高光，消除溢出

原图

效果图

3.6.2 强调色彩对比的调色法

制作复古的黄绿色调

步骤01 加暖色

在"基本"面板中，向右拖动"色温"滑块加暖色，向右拖动"色调"滑块加洋红色，让画面整体偏暖色。

扫一扫，即可观看本案例教学视频

步骤02 改变色相、降低饱和度、提高明亮度，强调对比

在"混色器"面板的"色相"选项卡中拖动"红色"和"黄色"滑块，使红色（衣服）偏橙、黄色（草地）偏绿，这样就强调出了橙色和青绿色的对比效果。在"饱和度"选项卡中降低红色（衣服）和黄色（草地）的饱和度。在"明亮度"选项卡中提高红色（衣服）和橙色（肤色）的明亮度。

在曲线上添加多个锚点，缩小调整范围，进行细微的调整。色彩通道中的调整思路是在亮部区域添加锚点①，避免亮部区域受到调整影响；为暗部加青色；为中间亮度区域加橙色、减黄色。

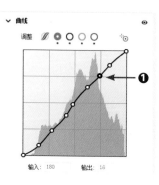

具体操作如下：在红色通道中添加3个锚点，轻微上提点②加红色（针对衣服和皮肤），下拉点③加青色（针对草地和木车）；在绿色通道中添加3个锚点，上提点②加绿色（中间亮度区域经过加红色和绿色后，会混合出橙黄色），上提点③，为暗部加绿色；在蓝色通道中添加3个锚点，上提点②加蓝色（可以减弱前面混合出的橙黄色中的黄色，加强橙色的表现），上提点③加蓝色（暗部区域经过加绿色和蓝色后，会混合出青绿色）。

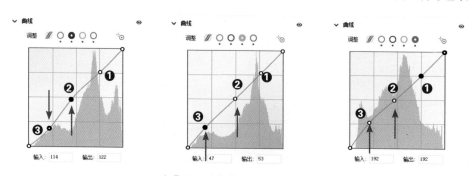

点①用于避免亮部区域受到影响

步骤 04　强调色彩对比

在"校准"面板中向右拖动蓝原色的"色相"滑块，会对草地减黄色（偏黄绿色）；向右拖动绿原色的"色相"滑块，会使绿原色偏青绿色，同时减少黄色；向右拖动红原色的"色相"滑块，会为人物肤色和衣服加橙色。最后，向右拖动绿原色的"饱和度"滑块，提高画面整体的饱和度。

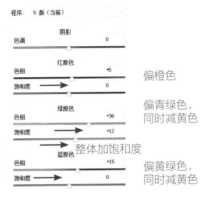

程序：　5 版（当前）

阴影	
色调	0

红原色	
色相	+5
饱和度 →	0

偏橙色

绿原色	
色相	+36
饱和度 →	+12

偏青绿色，同时减黄色

→ 整体加饱和度

蓝原色	
色相 →	+15
饱和度	0

偏黄绿色，同时减黄色

接下来，在"颜色分级"面板中做进一步的修饰。为高光加蓝色，为阴影加橙色，进一步加强色彩对比。

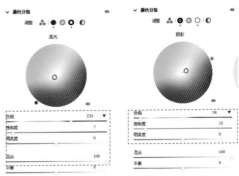

制作青橘色的人文照片

使用色温、色调、曲线、HSL、颜色分级和校准调色时，并没有固定的调整顺序，也不是每一次调色都要用到这几项。

扫一扫，即可观看本案例教学视频

原图

①减少曝光，整体压暗画面；减少高光，压暗亮部区域；增加阴影，提亮人物脸部；向右拖动"色温"滑块，使画面偏暖色。

效果图

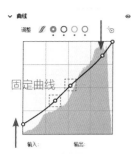

②向上拖动暗部端点，提亮暗部；在中间亮度区域添加2个锚点以固定曲线，减少该区域的变化；在亮部区域添加锚点并向下拖动，压暗高光。

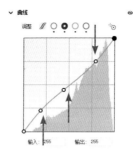

③在红色通道中添加3个锚点，给高光加青色（针对背景），为暗部和中间亮度区域加红色（针对肤色）。

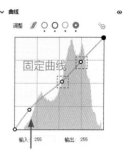

④在蓝色通道中添加3个锚点，其中中间亮度区域和亮部的锚点用来固定曲线；向上拖动暗部区域锚点，给暗部加蓝色，这样与红色通道中加的红色混合后，会呈现出一种油墨般的色彩效果。

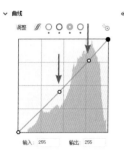

⑤在绿色通道中添加2个锚点，小幅度向下拖动，给中间亮度区域和亮部区域减绿色。

⑥在"色相"选项卡中使用目标调整工具在孩子脸部拖动，使肤色偏橙红色；在草地上拖动，使草地偏黄绿色。

⑦在"饱和度"选项卡中增加橙色，加强肤色的饱和度；减少绿色，降低草地的饱和度。

⑧在"明亮度"选项卡中增加橙色，提亮肤色；减少绿色，压暗草地的亮度。

⑨在"校准"面板中，强化橙色皮肤和青绿色草地的对比。向右拖动红原色的"色相"滑块，给肤色加一点橙色；向右拖动绿原色的"色相"滑块，为背景草地加青色并减黄色；向左拖动蓝原色的"色相"滑块加红色，修正过于绿的地面。大幅增加绿原色的饱和度，给画面整体加饱和度，然后降低红原色和蓝原色的饱和度，控制饱和度至合适效果。

制作青橘色调的夜景照片

　　调整色彩时要敢于创新，不要仅停留在事物的表象，而要大胆尝试一些特殊色调，表达出摄影的艺术之美。例如，将原本呈现为黄色、蓝色冷暖对比的夜景照片调成青橘色或者黑金色。

扫一扫，即可观看本案例教学视频

效果图

原图

步骤 01 **统一色相**

　　在"色相"选项卡中拖动"红色""橙色""黄色"滑块，使画面中的暖色偏橙红色，其中红色向右移向橙色，橙色向左移向红橙色，黄色向左移向橙色，拖动"浅绿色""蓝色""紫色"滑块，使画面中的冷色偏青色，其中浅绿色（对应左下角绿色灯光）向右移向青色，蓝色和紫色向左移向青色。

＞ 混色器			👁
调整	HSL		
色相	饱和度	明亮度	全部
红色			+13
橙色			-46
黄色			-78
绿色			0
浅绿色			+12
蓝色			-26
紫色			-21
洋红			0

步骤 02 调整饱和度

　　在"饱和度"选项卡中增加橙色，强化灯光效果；大幅减少绿色和浅绿色，直至消除左下角的绿色；减少蓝色和紫色，降低天空、建筑和阴影的饱和度。

步骤 03 提亮和压暗

　　在"明亮度"选项卡中减少橙色和黄色，压暗灯光，避免其过于刺眼；减少蓝色和紫色，压暗天空、建筑和阴影，目的是更好地突出灯光，烘托夜色的氛围。

步骤 04　**在"校准"面板中加强色彩对比**

在"校准"面板中向右拖动绿原色的"色相"滑块，使绿原色偏青绿色，同时增加洋红色并弱化其他颜色；向左拖动蓝原色的"色相"滑块，使蓝原色偏青色，同时增加洋红色；经过两次加洋红色后，灯光区域的色彩过于洋红，这时可以向右拖动红原色的"色相"滑块，减少洋红色并增加橙色。最后，增加红原色和蓝原色的饱和度，强调橙色和青色的对比。当饱和度过高时，可以适当降低绿原色的饱和度。

步骤 05　**使用曲线加强明暗对比**

在曲线上添加3个锚点，拉出S形曲线，以加强明暗对比。

3.6.3 赛博朋克风

青色和洋红色的碰撞能够打造出科幻的赛博朋克风。

扫一扫，即可观看本案例教学视频

原图

① 在"校准"面板中调出青色和洋红色的对比效果。首先，向左拖动红原色的"色相"滑块，向右拖动绿原色的"色相"滑块（加洋红色、加青色，并弱化其他颜色）。然后，向左拖动蓝原色的"色相"滑块（加红色和青色）。最后，增加红原色和蓝原色的饱和度，加强色彩对比。

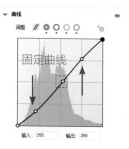

② 在曲线上添加 3 个锚点，拉出 S 形曲线，以加强对比。

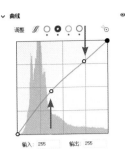 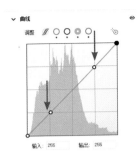 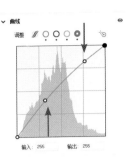

③在红色通道中对建筑进行调色。在暗部区域添加锚点并向上拖动，给建筑加红色；在亮部区域添加锚点并向下拖动，避免亮部区域加色后溢出。

④在绿色通道中添加2个锚点，小幅度向下拖动，加洋红色。在暗部加洋红色会影响建筑的阴影，在亮部加洋红色会使天空的绿色减少。

⑤在蓝色通道中添加2个锚点并向上拖动加蓝色。在暗部加蓝色可以和洋红色混合出紫色，从而更好地优化洋红色，丰富暗部的色彩过渡。而为偏青色的天空加入蓝色后，会中和出色彩丰富的青蓝色。

⑥在"色相"选项卡中向左拖动"红色""洋红"滑块，强化洋红色的色彩表现。

效果图

⑦在"饱和度"选项卡中降低红色、浅绿色、蓝色和洋红的饱和度，避免色彩看起来过于浓郁。

⑧在"明亮度"选项卡中降低浅绿色和蓝色的亮度，压暗天空，以便更好地突出灯光，烘托夜色氛围。

核心要点：

构图的理念贯穿于摄影前后期全部的思考过程，提高画质则是一个细节把控的过程。

第4章

Camera Raw中的构图和画质调整

第4章 Camera Raw中的构图和画质调整

　　构图是与曝光、色彩并重的第三大摄影要素。即使有再好的光影和色彩，构图如果做得不好，那么照片的美感也会大打折扣。提高画质一直是相机和手机厂商不懈努力的方向，而我们从一开始选择RAW格式进行拍摄，然后要求自己准确曝光，再到参照直方图调整曝光及接下来要学习的减少杂色等，都是在追求画质的最佳表现。

‖ 4.1　二次构图的理念 ‖

　　二次构图分为两个阶段：第一阶段是处理变形，例如照片倾斜、畸变等；第二阶段是从美学的角度裁切画面，以获得理想的画面。

4.1.1　告别东倒西歪

1.校正水平线

方法一

扫一扫，即可观看本案例教学视频

　　在工具栏中选择"裁切并旋转"，拖动"角度"滑块，可以对画面进行旋转，从而校正水平线。也可以双击拉直工具，完成自动校正（单击拉直工具可以在屏幕上拖曳出横线或竖线来校正水平线）。

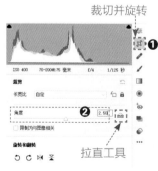

裁切并旋转

拉直工具

除了可以拖动"角度"滑块调整，还可以移动鼠标指针至画面四角，当鼠标指针变为"双箭头"时，按住鼠标左键对照片进行旋转。

方法二

在"几何"面板中选择"水平：仅应用水平校正"，可以对倾斜的水平线实现一键校正。

除了可以校正水平线，"几何"面板还可以用于校正镜头的畸变，下面来看详细的介绍。

2.校正畸变

步骤 01 **在"光学"面板中校正畸变**

在"光学"面板中勾选"使用配置文件校正"复选框，软件会自动识别当前照片使用的镜头（前提是照片格式为 RAW，同时镜头要具备电子触点）并进行自动校正。如果镜头没有被识别，例如照片为 JPEG 格式，就需要手动选择对应的镜头。若找不到支持的镜头型号，可以选择近似焦距的镜头。

自动校正只能作为调整参考，通常我们还需要手动更改校正量。向左拖动"扭曲度"滑块可以使画面四角向内收缩，向右拖动会使画面四角向外扩张。向左拖动"晕影"滑块会压暗画面四角，向右拖动会提亮画面四角。

扫一扫，即可观看本案例教学视频

步骤 02　**在"几何"面板中手动校正畸变**

　　"光学"面板中的校正效果有限，遇到畸变严重的场景仍需要在"几何"面板中进行校正。在"几何"面板中有自动、水平、纵向、完全和通过使用参考线5个选项，前4个选项通过单击选择，可以自动进行校正。而选择使用参考线则需要在画面上沿着物体倾斜的方向拖出参考线，参考线可以是纵向的，也可以是横向的，只有拖出两条及以上的参考线，才能对画面进行校正。

　　"几何"面板下方的手动转换包含了垂直、水平、长宽比等多个调整项，适合进行更细致的微调。校正畸变后画面中会出现一些透明像素区域，勾选"限制裁切"复选框可以自动裁掉透明像素。例图中如果裁掉透明像素就会影响到男孩的手部完整性，因此这里取消勾选"限制裁切"复选框。接下来进入Photoshop中，使用"内容识别填充"功能来消除透明像素。

为透明像素建立选区，进行内容识别填充

　　选区用于将要调整的区域单独选出来进行调整。创建选区的方法有很多，后文将会做详细讲解，这里只介绍使用工具箱中的魔棒工具创建选区的方法。照片是由多个像素点组成的，当我们使用魔棒工具单击照片上的某一个像素点时，软件会计算由此点向外延伸的其他像素点，当它们包含的信息相同时，就会被添加到选区范围内。使用魔棒工具单击点①处的透明像素完成选区创建，然后按住 Shift 键单击点②、点③处的透明像素区域，继续添加选区，被选择的区域边缘会显示闪烁的蚂蚁线。接下来，选择菜单栏中的"选择">"修改">"扩展"，在弹出对话框中设置扩展量为"5"像素。

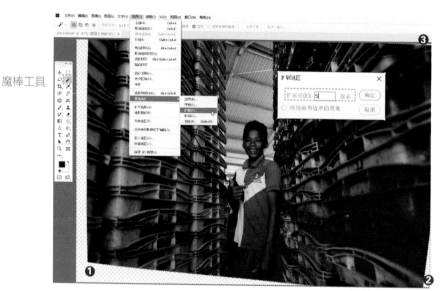

　　如果不进行选区的扩展，那么选择"编辑">"内容识别填充"，对透明像素进行填充后，就容易出现下图所示的填充不完全、依然有少量透明像素存在的情况。

在进行内容识别填充操作时，保
持"内容识别填充"面板中的数值为
默认即可。进行内容识别操作的关键
是缩小取样区域，以获得更准确的填
充效果。默认情况下，透明像素以外
的区域会蒙上一层半透明的绿色（颜
色和透明度可以在选项框中更改），
这个绿色区域就代表了要取样的区
域。如果以整个画面为取样区域，那
么填充的效果会很容易受到多个画面
元素的影响，出现填充不准的情况。
正确的方法是缩小取样范围，识别透
明像素周边的像素信息。具体的操作
是单击取样画笔工具，涂抹掉不需
要取样的区域，如果不小心涂多了，
可以按住Alt键涂抹回来。缩小取样
范围后，就可以获得更准确的填充
效果。

可更改颜色和不透明度

4.1.2 大胆裁剪

裁剪的方法很简单，选择不同的比例裁剪即可。难点在于如何裁剪。

看到右边这张照片，懂三分法、九宫格构图的人会第一时间观察木屋是否在黄金分割点上，于是就有了下图所示的第一种裁剪方法。然后，随着思路进一步打开，就会产生各种各样的裁剪想法。

以下的裁剪方法并不都是理想的裁剪方法，只是为了给大家提供一些裁剪的思路。

① 裁剪后的木屋更加醒目突出

② 裁剪成正方形，画面具有稳健、紧凑的视觉效果

③ 将视觉关注点放在水面倒影上，可以裁剪出上下对称的画面

④ 缩小景别，将木屋安排在画面一角，可以营造荒野、孤独的画面氛围

裁剪的过程中，我们应反复地推敲取舍，这将有助于培养我们的构图思维。渐渐地，我们在拍摄时也就知道了该如何取舍。

单击Camera Raw工具栏上的裁剪工具，我们既可以在裁剪面板中设置长宽比，也可在图像预览窗口中单击鼠标右键进行设置。在右击弹出的快捷菜单中勾选"显示叠加"选项，会出现辅助裁剪框，单击"叠加样式"可以选择不同的构图辅助线。

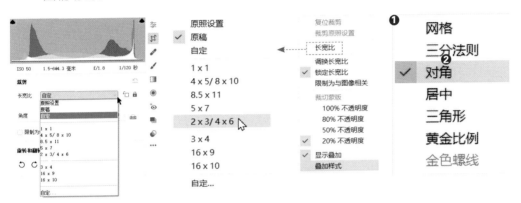

‖ 4.2 提高画质 ‖

画面除了需要光影、色彩和构图俱佳，还需要优秀的画质表现来锦上添花。下面将从去除色差、祛斑与质感柔肤、降噪与锐化及减少杂色等几个方面来讲解如何提高照片的画质。

4.2.1 去除色差

色差是光线进入镜头后，受波长和折射率的影响，而在照片边缘形成的彩色镶边，例如常见的紫边和绿边。最容易产生色差的场景是明暗反差较大的逆光场景，我们可以通过Camera Raw中的"删除色差""去边"功能来去除色差。

扫一扫，即可观看本案例教学视频

步骤 01 删除色差

放大照片可以看到帽子的边缘有明显的绿边。要消除绿边，首先在"光学"面板的"配置文件"选项卡下勾选"删除色差"复选框。

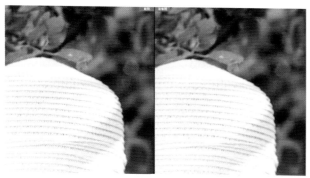

步骤 02 去绿边

要解决绿边问题，需要使用"手动"选项卡下的"去边"控件。"去边"下有两组调整项，分别是紫色和绿色。在本例中只需要拖动"绿色数量"滑块就可以去除绿边。

图1

　　检验去除绿边的效果时，不能只看局部效果，还必须要兼顾到整个画面才行。缩小例图，对比去除绿边前后的效果，可以明显看到孩子背后的绿植颜色受到了很大的影响，没有了原图的生机。

图1 缩小后的效果

对此可以通过调整"绿色色相"滑块来改变去色（"绿色色相"滑块包含了从橙色到绿色再到蓝色的调整范围）。调整绿色色相范围，既可以去除帽子边缘的绿边，又可以最大限度地减少对其他颜色的干扰。

图2

调整绿色色相范围前

改变绿色色相范围后

图2 缩小后的效果

4.2.2　祛斑与质感柔肤

人像皮肤处理的基本要求是对脸部进行祛斑、祛痘印等处理，同时保留皮肤质感。Camera Raw中的皮肤处理操作十分简单，是较为初级的磨皮操作。

步骤 01 使用污点去除工具

选择工具栏中的污点去除工具。

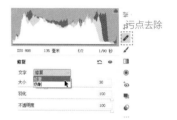

修复的原理是以较好的皮肤区域为参考，经过一定的计算来修复瑕疵区域；仿制是直接用好的皮肤区域覆盖瑕疵区域。羽化、不透明度等值保持默认即可；大小值需要根据痘痕的大小不断调整，快速改变大小值的方法是按住鼠标右键并拖动。在人物皮肤的瑕疵位置单击，会同时出现红色和绿色虚线选区，红色代表选定的需要调整的区域，绿色代表软件自动查找出的取样区域。如果调整效果不理想，可以单击绿色虚线框，手动更改取样区域，重新修复。已调整的区域会显示白色图标，想要再次调整，只要单击白色图标就可以重新激活该区域，然后可以通过拖动绿色虚线选区改变取样区域，也可以直接按Delete键进行删除。

多次修复后，人物的脸部看起来密密麻麻的，这样会影响后续的调整，因此可以取消勾选"叠加"复选框以隐藏调整框。

勾选"可视化污点"复选框会以黑白效果显示照片，这样可以方便我们查看哪些区域还需要调整。

污点去除的缺点是在多次选点后，会使软件处理速度下降。因此当遇到面部有大面积痘印的情况时，最好还是进入Photoshop中进行调整。

步骤02　保留皮肤质感

在"基本"面板中少量增加对比度和白色，然后利用"增加纹理+降低清晰度"的组合来实现柔美的皮肤质感。降低清晰度可以模糊脸部皮肤，起到柔化皮肤的作用。在处理男士皮肤时，可以通过少量增加清晰度来强调皮肤的细节与质感，表现出男士的粗犷和硬朗。

4.2.3　降噪与锐化

扫一扫，即可观看本案例教学视频

锐化可以让画面看起来更加清晰，正确的锐化是对画面中的主体边缘进行锐化，而不是对画面整体进行锐化。

使用高感光度拍摄或者曝光不足都容易产生噪点和杂色，从而降低照片的画质。

原图

效果图

步骤 01　调整曝光

　　在"基本"面板中定义黑白场、提高曝光、增加对比度、压暗高光、提亮阴影。然后向右拖动"去除薄雾"滑块，进一步加强画面的对比效果。

步骤 02　弱化较亮的蓝色

　　在"混色器"面板的"饱和度"选项卡下使用目标调整工具在画面中较为抢眼的蓝色区域拖动，降低饱和度；在"明亮度"选项卡下继续使用目标调整工具在蓝色区域拖动，降低明亮度。

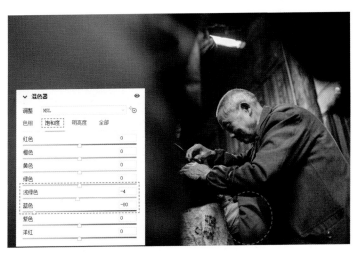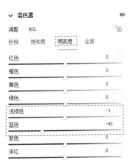

①在"校准"面板中调整人物肤色。向左拖动蓝原色的"色相"滑块；向右拖动阴影的"色调"滑块，强调出人物肤色的红润。增加绿原色的饱和度，为画面整体加饱和度，然后降低红原色和蓝原色的饱和度。

分析调整后的画面，其还存在两处问题：第一，调整后的人物肤色偏红；第二，在人物肤色的对比映衬下，人物衣服的颜色看起来有些灰暗。

②在"曲线"面板的红色通道中添加4个锚点并向下拖动，加青色（减红色），这样人物的肤色看起来没有那么红了，发灰的衣服也蒙上了一层淡淡的青色。

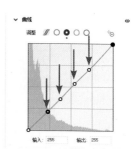

③在"颜色分级"面板中为高光加绿色（将"色相"滑块拖至绿色位置，少量增加饱和度），这样红色的皮肤在增加绿色后，就会混合出偏橙色的效果；为暗部加蓝色，使衣服偏冷色（青蓝色），这样人物的肤色和衣服的颜色看起来就协调了很多。

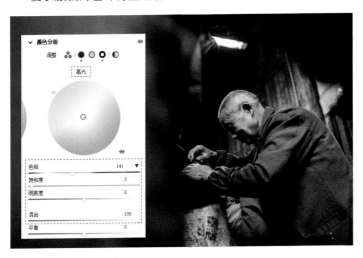
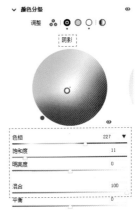

步骤 04　**使用渐变滤镜压暗局部亮度**

选择工具栏中的渐变滤镜工具，在"渐变滤镜"面板中设置相关参数，然后在想要压暗的区域多次拖动，就可以实现压暗局部亮度。渐变滤镜的具体操作方法详见下一章。

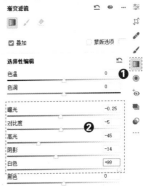

锐化时需要将照片放大查看细节。在细节组中包含了4个调整项，分别是锐化、半径、细节和蒙版。

其中**锐化**值默认为40，它是为了抵消相机成像时的模糊而设置的。锐化值越大，锐化的效果越强烈，但同时也会让画面中的噪点和杂色增多。

半径是指锐化的范围，其默认值为1，数值越小，锐化的效果越不明显；当然数值也不能太大，太大容易造成边缘出现亮边。"大锐化 + 小半径"的组合是较为常用的锐化设置。

细节用于消除锐化后的噪点，默认的数值为25。当锐化的数值较大时，噪点会增多，这时就需要减少细节。

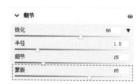

蒙版可以控制锐化的范围。如何理解呢？我们并不需要对画面进行整体锐化，如果整体都锐化，那么整个画面中的所有元素看起来都一样清晰，就不能起到区分主次、突出主体的作用了。正确的锐化方法是对主体的边缘进行锐化，操作时按住Alt键，在黑白显示效果下，拖动"蒙版"滑块改变要锐化的区域，画面中白色的区域就是应用锐化的区域，而黑色区域则是不应用锐化的区域。

　　应用蒙版后，由于锐化区域减少，即使是相同大小的锐化值，产生的噪点和杂色也会大幅减少。

步骤06　减少杂色

　　拖动"减少杂色"滑块可以显著消除画面中的杂色和噪点，但同时也会使画面细节丢失，因此该数值不宜设置得过大。其余的细节、对比度及杂色深度减低等保持默认即可。

> **后期调整时应避开的误区**
>
> 　　锐化和减少杂色的应用效果是此消彼长、相互对立的。在实际操作中，需要反复微调来确定一个相对合理的数值，既要控制好照片的杂色，又要确保照片的清晰度。

核心要点：

局部调整的关键在于你对画面影调和色调的理解，
其中最重要的是把握色彩和影调的层次过渡。

第 5 章

Camera Raw 中的局部调整

第5章　Camera Raw中的局部调整

在Camera Raw中，照片调整可以分为3个阶段。

第一阶段是基础调整，主要对曝光、色彩、水平线和污点等问题进行处理，例如，曝光不足就先提亮画面，色彩不准就先校正白平衡，画面倾斜就先校正水平线，有明显的污点就先去除污点。这些基础调整并没有固定的先后顺序，可以根据个人的感觉，觉得哪里的问题最突出就先调整哪里。

第二阶段是照片的影调加深和色彩修饰，主要用到了前面学到的曲线、HSL、颜色分级和校准等面板。

第三阶段就是接下来要讲到的局部影调和色调调整，Camera Raw中的局部调整工具包括径向滤镜（椭圆形选区）、渐变滤镜（垂直的渐变选区）和调整画笔（自由灵活的涂抹工具）。这些工具的使用并不复杂，难点是如何正确理解画面的影调和色调，并运用工具进行有效的加深和减淡，塑造出优美的光影和色调。

‖ 5.1　初识局部调整"三剑客" ‖

本例将系统讲解一张照片在Camera Raw中从基础的曝光、色彩调整到影调加深和色彩修饰，再到局部影调、色调调整的完整修片流程。

扫一扫，
即可观看本案例
教学视频

效果图

原图

步骤 01 **校正水平线**

在"几何"面板中拖动"旋转""缩放"滑块，校正水平线。

步骤 02 **去除污点**

选择工具栏中的污点去除工具，设置文字为"修复"，在有污点的区域单击以去除污点。

步骤 03　在"基本"面板中调整曝光和色彩

在"基本"面板中，向右拖动"色温"滑块、向右拖动"色调"滑块，确定画面的主色调（冷蓝色和洋红色）；定义黑白场（压暗白色、提亮黑色）、增加对比度、压暗高光、提亮阴影；增加自然饱和度，让色彩鲜亮起来。

步骤 04　用曲线优化曝光

在"基本"面板中大致确定好画面的影调效果后，接下来在"曲线"面板中做进一步优化。单击"单击以编辑参数曲线"，可以看到在曲线的下方出现了4个滑块，分别是高光（对应最亮的区域）、亮调（对应较亮区域）、暗调（对应较暗区域）和阴影（对应最暗区域）。相比在曲线上选点，拖动滑块更加简单。这里我们先向右拖动"亮调""暗调"滑块进行整体提亮，然后向左拖动"高光""阴影"滑块压暗最亮的区域、加深最暗的区域。

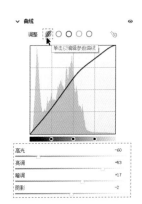

步骤 05 弱化阴影区域的蓝色

阴影区域蓝色较深，最快捷的处理方法是在 HSL 中降低蓝色的饱和度和明亮度，对其进行弱化处理。

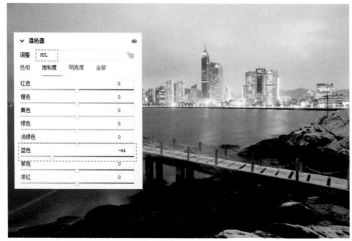

步骤 06 在"颜色分级"面板中上色

在"颜色分级"面板中为高光加洋红色、阴影加蓝色。加色的过程中会影响到一些明暗过渡的区域，例如，近景的桥面会偏洋红色。对此，可以在中间调中加一些蓝色进行调和。

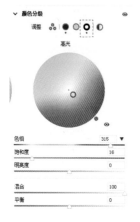

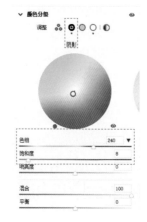

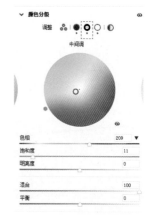

步骤 07　在"校准"面板中润色

在"校准"面板中增加绿原色的饱和度，为画面整体加饱和度。然后，增加蓝原色的饱和度，以重点增加蓝色的饱和度。最后，调整个别位置的色彩，例如，降低红原色的饱和度，以控制远景的灯光，避免其色彩过于浓郁抢眼；向右拖动蓝原色的"色相"滑块，增加红色，让天空的色彩过渡更丰富。这样洋红色和蓝色（主色调）就得到了进一步强化。

接下来，进入局部调整阶段，在调整前先要分析画面中存在哪些问题：①天空区域过亮；②近景礁石太暗；③近景桥面上的雪偏色；④远景灯光偏亮。

步骤 08　使用渐变滤镜压暗偏亮的天空区域

调整过亮的天空，单击渐变滤镜，在天空位置拉出渐变（按住Shift键可以拉出水平垂直的渐变区域），然后在"渐变滤镜"面板上调整参数，压暗天空（减小曝光、对比度、高光、阴影和白色的数值）。注意：绿色圆点以上的区域是完全应用调整参数的区域，绿色圆点和红色圆点之间的区域是部分应用调整参数的区域，而红色圆点以下是不应用渐变滤镜的区域。

选择径向滤镜，在点②位置拖曳出椭圆形选区，然后在"径向滤镜"面板中少量增加阴影和黑色的数值，对该区域进行提亮；接下来，向右拖动"色温"滑块加暖色，向左拖动"色调"滑块减洋红色。注意："羽化"滑块可以让调整区域与非调整区域之间的过渡更加自然。默认设置下，径向滤镜效果会作用在椭圆形内；当勾选"反相"复选框时，则会作用于椭圆形以外。

接下来，在画面中多次拖曳，新建多个径向滤镜对不同的区域进行调整。每个径向滤镜的参数值要根据画面的效果随时改动。新建一个径向滤镜后，之前的径向滤镜会呈现为白色圆点，若要重新更改其参数值，只要单击白色圆点就可以将其恢复为可调整的绿色圆点。最终，通过添加4个径向滤镜后，完成了对礁石的局部调整，这里不再罗列每一个径向滤镜的参数值，具体可从附赠的素材图中查看。

单击可以将参数归零

步骤 10　使用径向滤镜调整桥面上的雪

　　新建一个径向滤镜，在桥面上拖曳出椭圆形选区。首先，向左拖动"色温"滑块加冷色、向左拖动"色调"滑块减洋红色。然后通过减少高光来压暗桥面的亮度，要制造由暗到亮的过渡，才能更好地烘托亮部，突出视觉中心，如果近景过亮就会干扰画面的视觉中心；接下来增加一点阴影和黑色，提亮桥面间的黑色缝隙。最后，通过增加纹理和提高清晰度来突出雪的质感。另外，降低一点饱和度会缓解雪的偏色问题。

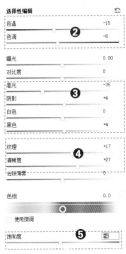

步骤 11　使用调整画笔压暗远处较亮的灯光

　　选择调整画笔，在"选择性编辑"面板中减小曝光、高光和白色的数值，在想要压暗的区域多次涂抹。勾选"蒙版选项"（单击色块可以设置不同的显示颜色，当前显示为绿色）复选框可以清楚地看到已涂抹的区域，这样可以辅助我们更精准地涂抹。另外，降低一些饱和度可以避免灯光的色彩过于浓郁。

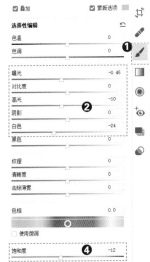

‖ 5.2 给人物美妆 ‖

在 Camera Raw 中使用调整画笔可以对人物的脸部进行美妆重塑，例如，添加腮红与美瞳、调整眼白、美化嘴唇，以及增加面部五官的清晰度等。

扫一扫，即可观看本案例教学视频

原图

效果图

步骤 01 　**使用污点去除工具去除脸部瑕疵**

选择工具栏中的污点去除工具，设置文字为"修复"，分别在女孩的额头、鼻翼和嘴角进行涂抹美化。

调整前　　　　　　　　　　　　调整后

步骤 02 　**添加腮红**

选择工具栏中的调整画笔，单击"颜色"色块，在弹出的拾色器中设置颜色为淡粉色（色相339、饱和度5），然后新建3个画笔调整区域，在人物的脸部多次涂抹即可添加腮红，这样深浅不一的腮红看起来更真实。勾选"蒙版选项"复选框，可以更准确地查看涂抹的区域。

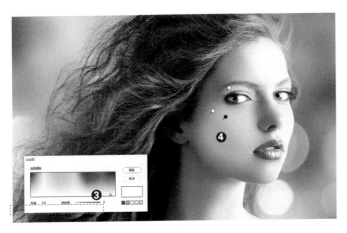

调整前

调整后

新建一个调整画笔，在拾色器中设置颜色为淡蓝色（色相217、饱和度32），然后在黑色瞳孔四周的虹膜区域涂抹，使之呈现为淡蓝色。

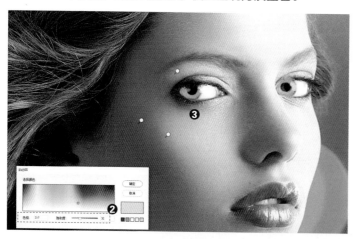

调整前

调整后

步骤 04 **美化嘴唇**

新建一个调整画笔，在拾色器中设置颜色为淡粉色（色相341、饱和度19），然后在人物唇部进行涂抹，使嘴唇看起来更加饱满丰润。如果不小心涂抹到嘴唇以外的区域，可以单击"从选定调整中清除"，擦除涂抹错的区域。

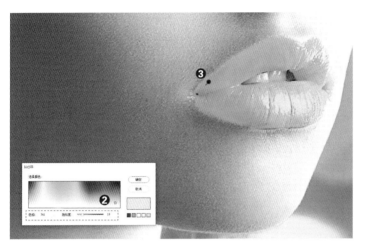

调整前 调整后

步骤 05 **增加清晰度**

新建一个调整画笔，增加清晰度的数值，然后在人物的眉毛、眼睛、鼻梁和嘴唇区域涂抹，增加五官轮廓的清晰度，强化人物脸部的立体感与层次感。

5.3 控制层次过渡

扫一扫，即可观看本案例教学视频

影调和色彩是后期调整的关键，而局部影调和色彩的调整更是重中之重。如何从光影和色彩的角度来评判一幅作品的好坏呢？

效果图

首先，明暗调整的目的是让该亮的地方亮起来、该暗的地方暗下去，否则画面很容易给人一种杂乱感。想要处理好画面的明暗关系，一要遵循光线照射的轨迹，例如由远及近、由强到弱的过渡，避免出现光照弱的区域看起来却很亮的错误；二要弱化杂乱的光照区域，即在构思画面光影结构时，先要确定一条主要的光线路径，使之成为吸引观者目光的视觉中心，然后围绕这个视觉中心弱化其他干扰元素，例如压暗过亮的区域。

其次，色彩的调整要重点控制色彩的层次过渡。色彩过渡得好会让画面更加融合，浑然一体；而缺少过渡的色彩很容易出现断层，这会让色彩的表现力不够。

原图

步骤 01 **校正水平线**

选择工具栏中的"裁剪并旋转",向右拖动"角度"滑块,校正倾斜的画面。

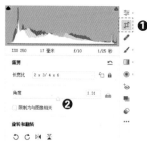

步骤 02 **压暗画面,突出光影**

在"基本"面板中减少曝光,可以更清楚地看到画面的光影结构和光线照射的范围。

　　接下来的调整思路是对照片上标注了1、2、3位置的光线进行提亮,首先让位置1的光线最亮,位置2次之,位置3的光线相对最暗。这样提亮的理由是位置1的光线需要照到人物身上,照射行程最远,因此需要最亮;位置3被云层、山岭遮挡,照射行程短,因此亮度要暗于位置1、2的光线。

步骤 05 使用径向滤镜重塑光线

①选择工具栏中的径向滤镜，拖曳出椭圆形选区，增加曝光、高光和白色的数值，提亮沿人物方向照射的光线。

②新建一个径向滤镜，在右侧光线区域拖曳出椭圆形选区，只增加曝光值且提亮的幅度小于第一个径向滤镜。

③新建一个径向滤镜，在左侧光线区域拖曳出椭圆形选区，这次增加的曝光值要小一些。

使用渐变滤镜调整天空云层

选择工具栏中的渐变滤镜，按住Shift键在画面中的绿色圆点位置向下垂直拖拉出渐变区域，然后在面板中增加曝光值以提亮光线、增加去除薄雾的数值以加强对比、降低一些清晰度，让远处的天空和山有一种渐隐的朦胧感。最后，单击"颜色"色块，在"拾色器"对话框中设置颜色为浅蓝色（饱和度219、色相38），美化天空云层的色彩。

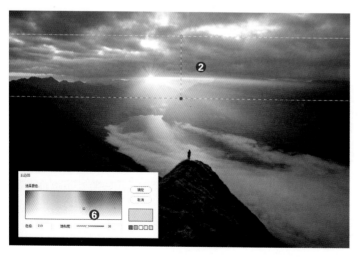
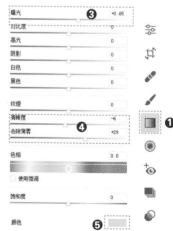

📍 后期调整时应避开的误区

为什么要降低清晰度？通常大家都会追求照片的清晰度，希望从远景到近景都同样清晰，我们甚至想到了拍多张不同景深效果的照片进行景深合成的方法来实现这一想法。这种追求全景深的想法本身并没有问题，但照片并不都需要全景深的效果。例图中要突出表现的是近景的主体人物，而远景起到了烘托气氛的作用，因此并不适合过于清晰，柔和一些会更有后退感，这样画面的空间感会更好。另外，从成像的原理来说，远景的云层在光线折射的影响下，本就应该呈现出一种灰蒙蒙的效果，这样看起来会更加真实。综合以上两点，降低清晰度可以让画面的层次过渡更加自然，也更容易突出近景的人物。

接下来，我们将对画面中标注了4和5的位置（有光照的区域）进行提亮。

步骤 05　使用渐变滤镜提亮局部

①新建一个渐变滤镜，沿倾斜角度自上而下拖曳出渐变区域，然后增加曝光、减少高光和白色、提亮阴影并增加对比度，这样调整出的画面看起来过亮。

②找到"渐变滤镜"面板下方的"范围遮罩",选择"明亮度";然后勾选"可视化亮度图"复选框,此时画面中显示为红色的区域就是应用渐变滤镜的区域。

③控制亮度范围来改变渐变滤镜的应用范围。用吸管工具在画面上单击,就可以选出亮度值接近的区域,从而缩小渐变滤镜的应用范围;当然也可以通过手动拖动"亮度范围"下方的滑块来控制渐变滤镜的应用范围。"平滑度"起控制边缘过渡的作用,保持默认数值即可。

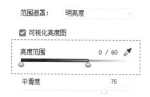

分析提亮后的画面,人物身后的山脊偏亮,这不符合光线的照射原理(光线由远到近会产生由强到弱的过渡效果),现在的调整效果会分散视觉中心。因此,接下来需要压暗山脊的亮度。

调整前

调整后偏亮

步骤 06　**使用调整画笔调整局部明暗**

①选择工具栏中的调整画笔，减小曝光和白色的数值，然后在山脊区域涂抹。涂抹后，如果亮部效果不理想，那么还需要再次调整曝光和白色的数值。

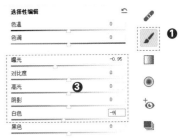

②压暗山脊后，画面的整体光影结构就基本确定了，我们可以清晰地看到光线由远及近、由强到弱的照射轨迹。接下来还需要对右侧偏暗的云雾进行调整。新建一个调整画笔，对云雾进行涂抹，少量增加曝光，亮度一定要低于离阳光近的云雾区域。另外，降低清晰度和去除薄雾可以让云雾看起来更加柔美，这样有利于更好地衬托出硬朗的山脊。

压暗山脊后

调整云雾区域

③调整照片时，记得经常在整体画面和局部细节之间反复切换，目的是不仅要从色彩和光影来把握画面的整体融合效果，还要放大细节确保画质，以及发现一些不协调的画面因素。例如，在100%放大照片后，可以看到人物四周偏暗，特别是在周边的白色云雾衬托下，人物四周看起来有一些黑色的晕影，影响了画面的美感。对此需要新建一个调整画笔，在人物四周偏暗的区域涂抹，然后反复调试曝光值，直至其亮度与周边云雾接近，融为一体。

调整前

蒙版显示调整区域

调整后

至此，局部调整的工作就告一段落。最后，我们用曲线修饰一下画面的整体对比和色调效果。

步骤 07　**使用曲线调整画面**

在点曲线中向右拖动左下方的黑色端点，压暗画面中最黑的区域；向下拖动右上方的白色端点，压暗画面中最亮的区域；在中间亮度区域增加两个锚点，分别向上、向下拖动，增强对比效果。

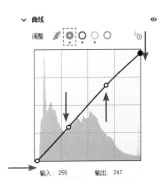

调色的思路是让色彩之间既有融合又有对比。接下来主要调整天空、折射的光线，以及水面和云雾的色彩。

首先，选择红色通道，给光线加红色（原来偏黄的光线在混入红色后，整体会偏暖橙色）。如果直接在亮部添加锚点（点1）并向上拖动，就会给整个画面都加红色，因此需要在暗部区域添加一个锚点（点2），避免暗部区域受到影响，再向上拖动点1。接下来，在中间亮度区域添加一个锚点（点3）并向下拖动；这样天空云层不受加红色的影响，且因向下拖动而偏青色（加青色可以加深蓝色）。

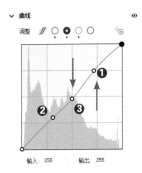

最后，选择绿色通道，在亮部和暗部区域添加锚点1和锚点2（避免亮部和暗部受到调整影响），然后在中间亮度区域添加锚点3并向下拖动，增加洋红色。根据色彩混合的原理，原本偏青色的天空在混入洋红色后，会偏蓝色。

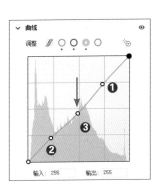

第 3 篇
后期进阶篇

在 Camera Raw 中完成对照片的预处理后，接下来我们将进入
Photoshop 中进行更多的细节调整，例如，利用图层实现微叠加调整、
借助蒙版实现更细致的选区调整、制作特效、液化美体、精细的磨皮质感
及添加文字特效等。

第 6 章

功能强大的调整图层

第6章 功能强大的调整图层

进入 Photoshop 后，我们将利用图层记录每一步的操作。借助图层我们可以进行更精细的调整，例如，在 Camera Raw 中只有一个"曲线"面板，而在 Photoshop 中可以新建多个曲线进行叠加调整。

‖6.1 图层的使用方法 ‖

"图层"面板中会记录下每一步的调整，并允许我们随时对每一步的调整进行更改、复制或者删除。

新建图层

在 Photoshop 中打开一张照片后，"图层"面板上会显示一个名称为"背景"的图层，默认情况下背景图层处于锁定状态（受保护的，双击锁形图标可以解锁）。单击"图层"面板下方的黑白圆图标，可以选择不同的调整项新建图层，例如，选择曲线后，在"图层"面板上就会新增加一个"曲线1"调整图层，同时会弹出曲线调整的属性框。如果没有显示属性框，可以选择菜单栏上的"窗口">"属性"，也可以直接双击"图层"面板中曲线前的黑白圆图标。当再次新建一个曲线图层时，"图层"面板上就会增加一个"曲线2"图层。无论新建多少个图层，都可以随时单击选择任意一个图层进行更改或删除。

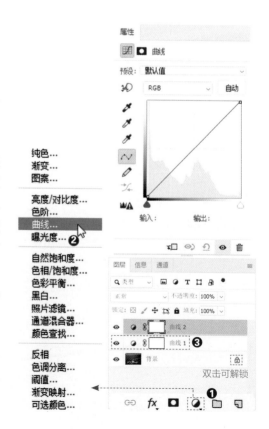

图层分组

在"图层"面板上还可以新建文字图层、空白图层（单击"图层"面板下方的"创建新图层"图标），当建立了多个图层后，如果不进行有效的分组，就很容易让调整更改变得混乱。分组并不是简单地将曝光调整分为一组或者将色彩调整分为一组。在经过Camera Raw的调整后，进入Photoshop的调整往往是精细化的局部调整，因此在这个过程中，可以考虑以区域为单位进行分组，例如当调整画面的A区域时，就将所有针对A区域的调整图层归为一组。图层分组的方法是单击要编组图层最上方的图层，然后按住Shift键单击要编组图层最下方的图层，例如单击下图中的"色彩平衡1"图层，然后按住Shift键单击"曲线1"图层，就可以全选它们之间的所有图层。然后单击鼠标右键，从弹出的快捷菜单中选择"从图层建立组"或者单击"图层"面板下方的"创建新组"图标，也可以直接按Ctrl+G快捷键进行快速编组。想要取消编组，只要单击组图层，然后单击鼠标右键，从弹出的快捷菜单中选择"取消图层编组"即可。

链接图层

链接图层主要适用于文字、填充和特效图层，例如，将几个相关联的文字和填充图层进行链接后，在图片上拖动其中任意一个，都会拖动其他的链接图层。链接图层的使用方法是选择要链接的图层，然后单击"图层"面板下方的链接图层图标进行链接；想要取消链接就选择图层，然后再次单击链接图层图标。

隐藏、复制、删除图层

单击图层前面的眼睛图标可以隐藏图层。单击选择图层，然后按Ctrl+J快捷键就可以复制一个图层，通常为了保护背景图层，我们会先复制背景图层，得到一个"背景 拷贝"图层，然后再进行调整。选择要删除的图层，按Delete键或者直接拖曳图层至"图层"面板下方的删除图标上就可以将其删除。

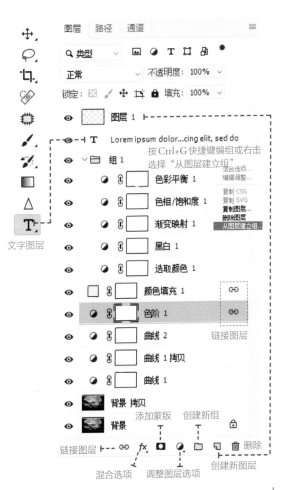

图层混合模式

　　混合模式是将当前图层和下方图层进行混合的方式，图层混合后会得到一个新的画面效果。混合模式大致可以分为压暗组、提亮组、加深组、反相组和色彩组。下面简单介绍一些常用混合模式。

　　正片叠底的原理是去掉亮部，将暗部混合，压暗画面。
　　滤色的原理是去掉暗部，将亮部混合，提亮画面。
　　柔光的原理是去掉中性灰区域，对暗部加深、亮部提亮。
　　减去的原理是用当前颜色的相反色与下方图层进行融合。
　　色相/饱和度/明度的原理是使用当前图层的色相/饱和度/明度与下方图层混合。
　　颜色的原理是使用当前图层的色相和饱和度与下方图层混合。

　　低不透明度或填充可以减弱混合模式的应用强度，二者的区别体现在混合选项中的特效应用，例如给文字添加投影时，只有降低填充度才会降低应用强度。

移动图层

　　图层的位置顺序是可以移动更改的。例如，可以拖动"曲线1"图层到"曲线2"图层的上方，移动时只要按住鼠标左键拖动该图层即可。改变图层位置常用于照片的创意合成和设计排版等。

合并图层

　　合并图层的好处是可以缩小存储文件的大小。合并图层的方法是任选一个调整图层，单击鼠标右键，从弹出的快捷菜单中选择"合并可见图层"，这样所有的图层（除了隐藏图层）都会被合并；如果想要单独合并某几个图层，那么就按住Ctrl键单击选择每一个要合并的图层，然后单击鼠标右键，从弹出的快捷菜单中选择"合并图层"；也可以直接按Ctrl+E快捷键进行合并。

‖ 6.2 常用的调整图层 ‖

6.2.1 色阶:"既生瑜,何生亮"的尴尬

之所以发出"既生瑜,何生亮"的感慨,是因为曲线功能的强大掩盖了色阶的光芒。新建"色阶"调整图层,在色阶属性框中,拖动直方图下方的黑白灰滑块可以改变明暗像素的分布。滑块向右移动可以压暗画面、滑块向左移动可以提亮画面。针对下图,向右拖动黑色滑块,可以压暗最暗的区域;向左拖动白色滑块,可以提亮最亮的区域;向右拖动灰色滑块,可以压暗中间亮度区域。这样通过压暗暗部和中间亮度区域、提亮亮部区域,可以有效地加强画面的对比。

原图　　　　　　　　　　　　　　　　　效果图

色阶调整中的自动功能如下。

在预设下拉列表中可以选择"增加对比度1""加亮阴影"等预设选项,实现快速调整。

色阶调整中的半自动功能如下。

在直方图左侧有3个吸管,分别用于设置黑场、灰场和白场。使用黑场吸管和白场吸管在画面中最暗和最亮的区域单击,就可以快速定义黑白场,加强画面的明暗对比。

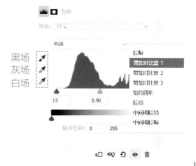

193

6.2.2 曲线：与柔光模式的强强联合

曲线的使用方法与Camera Raw中的曲线一致，略有不同的是在其属性框左侧有一个"小手指"图标，单击"小手指"，可以在画面上直接拖动以调整明暗。另外，在其属性框中也有黑、白、灰场吸管。

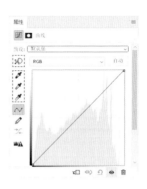

扫一扫，即可观
看本案例教学
视频

原图

在后期调片的过程中，对比度的控制是个让人很头疼的问题。对比度过强，会丢失暗部细节；对比度不足，容易导致照片发灰。下面介绍一种简单而高效的对比度调整方法。

效果图

新建"曲线1"调整图层，设置混合模式为柔光，然后在曲线调整框中垂直向上拖动黑色端点、垂直向下拖动白色端点，最后根据画面效果微调对比度即可。

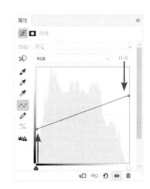

6.2.3　色彩平衡：三重影调下的互补色调整

色彩平衡主要应用了互补色原理，在其属性框中包含了3组可调整的色彩，分别是青色和红色组、洋红色和绿色组及黄色和蓝色组。调整的方法很简单，只要拖动滑块就可以让色彩偏向其互补色。另外，色彩平衡将调整的区域分为阴影、中间调和高光3个部分，这样就可以让色彩的调整更加细致。

扫一扫，即可观看本案例教学视频

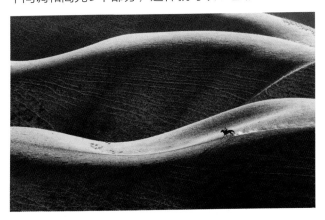

原图

效果图

对比左边的两张照片，原图给人色彩沉闷、缺少对比的感觉，而调整后的照片呈现出色彩对比强烈、层次分明的效果。

调整的方法很简单，新建"色彩平衡1"调整图层，选择中间调，向右拖动黄色和蓝色组下方的滑块，给中间调区域加冷蓝色，使其符合阴影应呈现的色彩效果。接下来选择高光，在洋红色和绿色组中增加绿色、在黄色和蓝色组中增加蓝色，这样原来看起来略脏的黄绿色就变成了透亮的蓝绿色。注意：勾选下方的"保留明度"复选框后，调整将只影响色彩的色相，而不会影响到明度。

6.2.4 可选颜色：120°的广色域调色

扫一扫，即可观看本案例教学视频

可选颜色有着较大的色彩调整范围，例如调整红色时，并不单单是在调整红色，而是会同时影响到红色左右两侧的相邻色（黄色和洋红色）。色彩范围大的好处是可避免只调整一种颜色时，与其他颜色出现较大跨度的色彩分离或断层，从而保证了色彩之间的柔和过渡。

效果图

原图

在色相环中，相邻色之间的色彩范围为60°，以红色为例，其左右两侧的相邻色相加为120°。也就是说，可选颜色可以影响色彩范围在120°内的色彩。

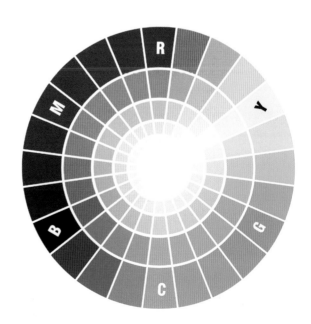

在"可选颜色"属性框的"颜色"下拉列表中包括了红色、黄色、绿色、青色、蓝色、洋红色、白色、中性色和黑色，共9种可调整的颜色。以红色为例，其下方的调整滑块包括4组，其中青色为红色的互补色（减青色可以起到加红色的作用），洋红色和黄色为红色的相邻色（加洋红色和加黄色也可以起到加红色的作用），黑色起压暗或提亮红色的作用。黄色、绿色、青色、蓝色、洋红色中的调整都可以运用互补色和相邻色的原理。而白色、中性色和黑色则是用来划分明亮度的，白色是对R/G/B（红、绿、蓝）3色亮度值高于128/128/128的色彩进行调整的，黑色则是对R/G/B 3色亮度值低于128/128/128的色彩进行调整的，中性色会影响除了黑色（R/G/B为0/0/0）和白色（R/G/B为255/255/255）以外的所有色彩。

步骤 01　常见的黄蓝对比

在"颜色"下拉列表中选择"中性色"，对黑色和白色以外的区域进行调整。首先，增加黑色值以压暗画面，强调出夜色的深沉；然后，减黄色以加深画面的蓝调。这样画面就呈现出了黄蓝对比的浓郁夜色效果。

色彩调整是很微妙的，当我们厌倦了司空见惯的黄蓝对比后，不妨来尝试一些新的色调效果。

步骤 02 **在红色通道中调整路面灯光**

调整路面灯光的色彩效果。在"颜色"下拉列表中选择红色，大幅减少青色（依据互补色原理，减青色等于加红色）、大幅增加洋红色、大幅减少黄色（依据相邻色原理，减黄色会让红色偏洋红色）。这样路面灯光的颜色就整体偏洋红色，另外还混杂了一些红色、橙黄色和黄色，这些色彩共同丰富了路面灯光的层次。

可选颜色中"绝对"和"相对"的区别如下。

绝对表示完全增加，例如增加10%就代表增加10%；而相对取决于原来色彩的浓度，例如原来的红色为50，选择相对，则增加10%后的值为 $50+50 \times 10\% = 55$。

步骤 03 **在蓝色通道中调整蓝色建筑**

调整蓝色建筑的颜色，使之偏青蓝色。在"颜色"下拉列表中选择蓝色，增加青色、减少洋红色（依据相邻色原理，原本呈蓝色的建筑在减少洋红色后，会偏向蓝色的另一相邻色——青色）、减少黄色（依据互补色原理，减黄色等于加蓝色）、增加黑色（压暗蓝色建筑的亮度），这样就调整出色彩过渡丰富的青蓝色混合效果了。

在确定了洋红色与青色组合的画面主色调后，接下来选择洋红、青色、中性色和黑色通道做进一步的色彩优化。

步骤 04 **在洋红通道中加强灯光效果**

灯光的调整思路是加强洋红色并适当提亮。在"颜色"下拉列表中选择洋红，将青色滑块拖至−100%，通过减青色实现加红色；增加洋红色，继续强化以洋红色为主色调的灯光；减少黑色，提亮路面的亮度。

步骤 05 **在青色通道中丰富建筑的色彩层次**

建筑的调整思路是让颜色层次丰富起来，使其具有从浅青色到青色再到浅蓝色的渐次过渡。在"颜色"下拉列表中选择青色，减少黄色，实现加蓝色；减少洋红色，让蓝色偏青色（依据相邻色原理，原本呈蓝色的建筑在减少洋红色后，会偏向蓝色的另一相邻色——青色）；减少青色，避免青色看起来太重。

步骤 06 **在中性色通道中为画面加蓝色**

在"颜色"下拉列表中选择中性色，可以对画面中除了白色和黑色以外的区域进行调整。增加青色和洋红色可以给画面加蓝色（青色和洋红色为蓝色的相邻色），同时加洋红色还会影响到路面的灯光，让灯光的色彩看起来更加绚丽；减少黄色，即给画面加蓝色（互补色原理）；增加黑色，压暗画面，烘托夜色氛围。

步骤 07 **在黑色通道中加蓝色**

在"颜色"下拉列表中选择黑色，可以对画面中R、G、B亮度值均低于128的暗部区域进行调整。增加青色和洋红色，为暗部加蓝色；少量减少黑色，提亮暗部，避免太黑而没有细节。

可选颜色的调整是一个细微的调整过程，其核心就是用好相邻色和互补色的色彩混合原理。

6.2.5　色相/饱和度：统一肤色的高阶用法

扫一扫，
即可观看本案例
教学视频

原图

效果图

受现场光线的
影响，人物的肤色
很容易出现偏色。
下面来学习如何
使用色相/饱和度
纠正偏色，统一人
物的肤色。

　　在色相/饱和度的属性框中选择红色通道，除
了基本的色相、饱和度和明度调整项以外，在面
板最下方有两个色条，上面的一个代表了调整前
的色相范围（色彩区域），从左到右依次为315°、
345°、15°、45°，下面一个代表了调整后的色
相范围。如何理解这些度数呢？简单来说，将色
条围成一个圆就是常见的24色相环。

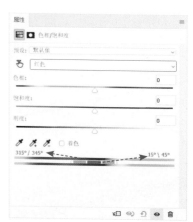

在色相环中，假设从红色开始是0°（0°既是起点也是终点，因此也可以用360°表示），再将色相/饱和度属性框中的度数大致匹配到相应位置，通过求和可以算出色条下方的3个灰度范围的总和为90°，这就说明在色相/饱和度中对红色进行调整时，会影响到90°范围内的色彩，即红色、紫红色和橘黄色。

肤色校正原理是通过拖动第一个色条下方的灰度条来缩小选区范围，选出要调整的区域，然后通过改变色相来统一肤色。

单击属性框中的"小手指"，然后在人物脸部单击，这样可以自动找到脸部肤色对应的色彩通道，通常人物的肤色会对应红色通道，但在这张例图中，人物脸部的肤色由于受灯光照射而对应了黄色通道，因此需要先对整体肤色的偏色进行校正。

步骤01 使用可选颜色校正皮肤偏色

新建可选颜色调整图层，选择黄色通道，减少青色（加红色），减少洋红色和黄色、增加黑色，调整后的肤色看起来恢复了红润。使用色相属性框中的"小手指"单击人物脸部，会显示对应的红色通道，说明肤色得到了校正。

　　分析脸部肤色不统一的区域，其中人物的左侧脸颊、左耳、左侧鼻翼等多处偏红色；右眉和脖子偏黄色。接下来，需要分别在色相 / 饱和度的红色和黄色通道中对肤色进行统一。

红圈位置偏红色，白圈位置偏黄色

步骤 03 在红色通道中统一肤色

　　①向右拖动"色相"滑块至 +180，画面中红色区域变为青色（红色的互补色），这样可以方便我们更直观、更清晰地进行选区操作。

②拖动第一个色条下方的灰条，缩小色彩范围，直至青色区域刚好是我们要进行肤色统一的区域。

③选出要调整的区域后，向左拖动"色相"滑块，改变色相，直至肤色得到统一。接下来，需要进入黄色通道对偏黄色的右眉和脖子进行肤色统一。

后期调整时应避开的误区

选择要调整的区域时，很容易将人物的嘴唇也选上，而嘴唇的色相并不需要改变。这一问题可以通过蒙版进行解决。例如，在默认为白色蒙版的情况下，使用黑色画笔可以擦出色相被改变的嘴唇；或者按住 Alt 键单击色相 / 饱和度的蒙版，将蒙版颜色改为黑色，然后使用白色画笔在偏红色的几处位置涂抹以改变色相。蒙版的详细用法请见下一章。

①选择黄色通道，将色相调至+180，原来偏黄色的区域呈蓝色（黄色的互补色）。

②拖动色条下方的灰条，缩小色彩范围，选出偏黄色的右眉和脖子区域。

③向左拖动"色相"滑块，直至偏黄色的区域恢复正常。

步骤 05 **调整饱和度和明度**

降低饱和度也可以弱化偏黄色区域的色彩；少量减少明度，降低偏黄色区域的亮度。

6.2.6 纯色填充：Photoshop中的分离色调

使用纯色填充画面，然后结合柔光混合模式，可以快速改变画面的色调。如果想让画面的色彩层次更丰富，可以新建两个纯色填充图层，然后分别为亮部和暗部添加颜色。

扫一扫，即可观看本案例教学视频

原图

效果图

步骤 01 新建浅蓝色填充图层

新建一个纯色填充图层，在弹出的"拾色器"对话框中任意选择一种颜色进行填充。

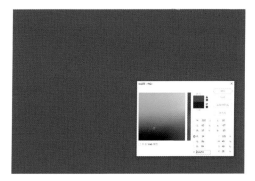

填充纯色后，设置混合模式为柔光，随意填充的颜色看起来效果并不理想。

双击"颜色填充1"图层的图标，会再次弹出"拾色器"对话框，这时在"拾色器"对话框中随意拖动鼠标指针，就可以实时查看不同的色彩应用效果。事实上，当我们对色调缺乏认识、不清楚该给画面添加什么颜色的时候，可以从画面中找近似色，例如选择气球中的粉色、绿色或者人物衣服上的蓝色进行尝试。这里我们先选择浅蓝色进行填充。

双击

步骤 02 调整浅蓝色填充图层的应用区域

用鼠标右键单击"颜色填充 1"图层，在弹出的快捷菜单中选择"混合选项"，在弹出的"图层样式"对话框中找到"混合选项"调整区域最下方的"下一图层"，按住 Alt 键将白色滑块分开，并向左拖动，这样浅蓝色填充图层将只作用于较暗的区域而不是整个画面。

步骤 03 新建浅粉色纯色图层

新建一个纯色调整图层，按照上述步骤思路操作，最终选择浅粉色进行填充。

然后在"图层样式"对话框的"混合选项"区域中选择"下一图层",按住Alt键将黑色滑块分开,并向右拖动,这样粉色填充图层将只应用在较亮的区域。

步骤 04 **调整不透明度**

在实现了为暗部加蓝色、亮部加粉色的调整后,就可以通过调整两个填充图层的不透明度来控制应用效果的强度。

核心要点：

选区，顾名思义，就是选取出想要进行局部精细化调整的区域；
蒙版，就是遮挡住选区以外的区域，方便我们对选区进行单独调整。

第 7 章

精细化调整的核心：蒙版和选区

第7章 精细化调整的核心：蒙版和选区

相比Camera Raw中的局部调整"三剑客"，Photoshop中的蒙版和选区更加细致。我们可以像使用Camera Raw中的调整画笔工具一样，使用Photoshop中的画笔工具进行涂抹，从而改变局部效果；也可以在Photoshop中先建立选区，然后进行局部调整；还可以根据画面亮度，提取高光、阴影和中间调区域进行选取，实现更精细的加深或减淡操作。

‖7.1 初识蒙版与选区‖

本节以一张矢量图为例，方便大家更清晰地辨别调整前后的差异。调整的要求是使小汽车的两个车灯亮起来，而其他的区域不做更改。

扫一扫，即可观看本案例教学视频

原图

效果图

方法一：先整体提亮画面，再使用蒙版选区实现局部调整

步骤 01 整体提亮画面

新建"曲线1"调整图层，在曲线"属性"面板中，选择中间亮度区域的任意一处添加锚点，并向上拖动，整体提亮画面。注意"曲线1"调整图层后面会自带一个白色的蒙版，接下来我们将要利用这个蒙版实现局部调整。

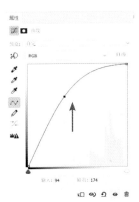

步骤 02 使用蒙版进行局部调整

单击白色蒙版，按Ctrl+I快捷键，将蒙版进行反选，使其变为黑色，这样就完全遮住了刚才的提亮操作。此时提亮的操作并没有更改，只是被黑色的蒙版遮住了，想要显示提亮的效果，就需要使用白色的画笔工具进行涂抹。在这个过程中可以自由地控制画笔的硬度，实现或深或浅的局部调整，具体的操作如下。

单击选择工具箱中的画笔工具，设置前景色为白色（黑色蒙版用白色前景色涂抹，白色蒙版用黑色前景色涂抹）、设置不透明度（按数字键1～9，可以快速设置10%～90%的不透明度；按0，可以恢复为100%的不透明度）。不透明度的作用是在使用画笔工具时，可以涂抹出半透明的效果，这样可以更好地控制调整力度和边缘过渡。举例来说，设置不透明度为100%后在车灯位置涂抹，按住Shift键单击蒙版项进行查看，涂抹的区域会显示为白色（未被蒙版遮挡的区域）。这一部分区域会应用第一步的提亮操作，而其他被蒙版遮挡的区域则不会应用这一操作。

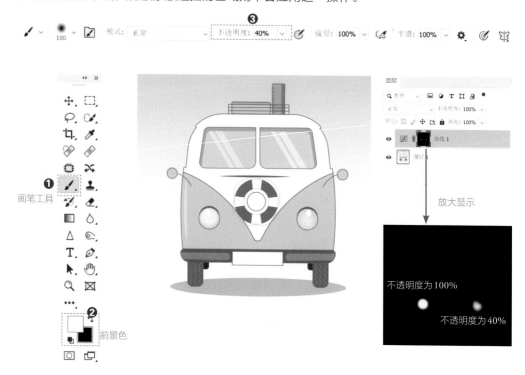

当设置不透明度为40%时，涂抹的区域就会呈现为半透明的灰色，这表示蒙版起了一部分的遮挡作用，这样车灯就会部分应用提亮操作。在设置不透明度时，应尽量选择一个较低的不透明度（例如在使用中性灰对人像进行磨皮时会设置5%～10%的不透明度），然后通过反复地涂抹来实现逐步叠加的调整效果。

流量的介绍如下。

流量可以理解为挡水坝，水流的总量用不透明度来控制，挡水坝则决定了如何让不透明度控制的水量往下流，是慢点流还是快点流。

当调整边缘有明显的涂抹痕迹时，可以双击图层蒙版，然后在弹出的蒙版"属性"面板中增加羽化值（起柔化边缘的作用），直至调整边缘与整体画面融合为止。

 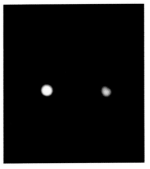 

步骤 03　进一步提亮车灯

调整图层的优势就是可以随时对前面的调整进行更改，例如，若觉得车灯不够亮，那么可以单击曲线调整图层的图标，然后在曲线"属性"面板中添加新的锚点，并将其大幅向上拖动，提亮车灯。

上述的蒙版操作过程是先对画面整体应用调整效果，然后用黑色蒙版完全遮住应用效果，再用画笔工具手动涂抹出想要应用效果的区域。

下面介绍另外一种蒙版使用方法——先建立选区，确定好要调整的范围，然后进行调整。

方法二：先建立局部选区，然后对选区进行调整

可以建立选区的工具有很多，常用的有套索工具、快速选择工具和魔棒工具。套索工具中有可自由手绘的套索工具、灵活的多边形套索工具和可自动查找边缘的磁性套索工具；快速选择工具同样是依据图像边缘创建选区的；魔棒工具则通过寻找类似像素点创建选区。

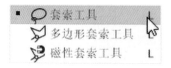
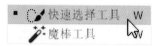

步骤 01 **使用快速选择工具创建选区**

以快速选择工具为例，在画面中多次点击可以增加选区；想要减少选区时，按住 Alt 键，当出现减号图标时，就可以减少选区。另外，在减少选区时，有时需要更精准地控制减少的区域，这时最好用的方法是按住 Alt 键，然后使用可以自由绘制的套索工具进行操作。

步骤 02 **新建曲线调整图层，提亮车灯**

使用快速选择工具选好两个车灯，这时选区会以蚂蚁线显示。新建"曲线1"图层，会自动出现黑色蒙版，这样在使用曲线进行提亮时，将只对蒙版上的白色区域（车灯）起作用。

‖ 7.2　蒙版与选区的高阶用法 ‖

　　局部调整的效果好不好，一要看摄影者对影调和色调的理解是否到位，即调整某一局部是否有助于整体画面的表现；二要看局部调整的细节，放大看有没有漏选的区域、调整区域的边缘是否过渡自然等。前文介绍了用选择工具或者手动涂抹的方式创建选区，下面介绍一些更细致、更精准的选区创建方法，且以上一节提亮车灯后的效果为例，将汽车的前脸由黄色改为橙色。

7.2.1　使用色彩范围

步骤 01　**使用色彩范围创建选区**

　　单击"图层 1"，然后新建"曲线 2"调整图层。双击"曲线 2"图层的蒙版项，在弹出

扫一扫，即可观看本案例教学视频

的属性框中单击"颜色范围"按钮，再在"色彩范围"对话框中，使用吸管工具在要改变颜色的黄色区域单击，即可创建选区，接下来通过移动"颜色容差"滑块，对选区进行微调。

步骤 02　**为选区加洋红色**

　　完成选区的创建后，双击"曲线 2"图层的曲线图标，在弹出的曲线"属性"面板中选择绿色通道，在中间亮度区域添加锚点并大幅向下拖动，使颜色由黄色变为橙色（在绿色通道中，向下拖动曲线代表加洋红色，洋红色和黄色是红色的相邻色，两色相加，若黄色多一些，最终得到的颜色则会偏橙色）。

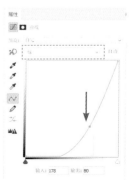

改变颜色后，查看细节会发现画面左侧有一小块区域没有变为橙色，原因是该区域在上一步创建选区时被漏选，下面先尝试使用魔棒工具进行选区的创建。

步骤 01 选择漏选区域

单击选择工具箱中的魔棒工具，在黄色区域单击进行选取。然后单击调整面板下方的"创建新图层"图标，新建"图层2"空白图层。

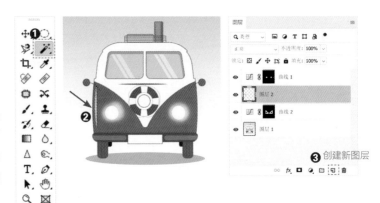

步骤 02 填充颜色

①选择菜单栏中的"编辑"＞"填充"，在弹出的"填充"对话框中选择颜色，然后在弹出的"拾色器"对话框中移动鼠标指针至汽车的橙色区域，单击吸取颜色。单击"确定"按钮，就可以将选区填充为橙色。

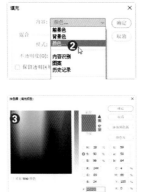

放大照片查看细节，填充区域的边缘仍然有未填充的细小区域，这说明使用魔棒工具创建的选区并不够细致，还需要对选区范围进行扩大。另外，在箭头所指位置有一部分与线条重叠的区域也没有处理好，需要使用污点修复画笔工具进行修复。

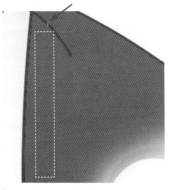

②按住Ctrl键单击空白"图层2"，以蚂蚁线的方式激活之前的选区（使用魔棒工具在"图层2"上创建的选区）。选择菜单栏上的"选择">"修改">"扩展"，在弹出的"扩展选区"对话框中输入"2"，这样选区的范围就会少量增加。单击"确定"按钮后，再次应用颜色填充，放大查看细节，黄色区域完全消除，当然还有一小部分与反光镜线条重叠的区域需要处理。

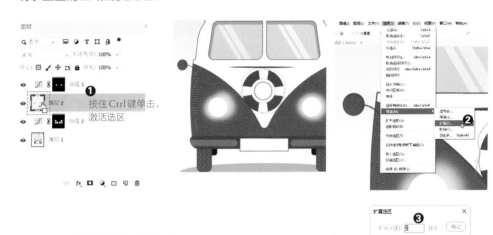

步骤 03　使用污点修复画笔工具处理重叠区域

单击工具箱中的污点修复画笔工具，在上方工具设置栏中选择"内容识别"、勾选"对所有图层取样"复选框，然后在重叠区域涂抹，就可以很容易地修复重叠的区域。

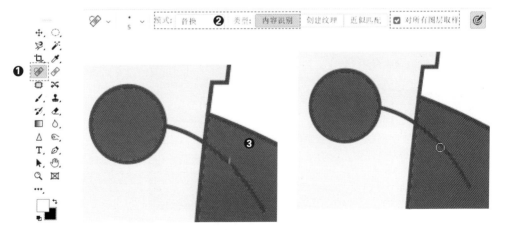

7.2.2 快速选取亮部和暗部，计算中间调

扫一扫，即可观看本案例教学视频

依据画面的亮度创建选区，可以粗略地将画面分为亮部区域、暗部区域和中间调区域。通过对这些区域创建选区，可以实现更细致的局部调整。

以下面这张看起来灰蒙蒙的照片为例，如果用曲线进行调整，需要在曲线上添加多个锚点，再进行反复、细致的微调来强化明暗对比，这样的调整对新手来说是有一定难度的。

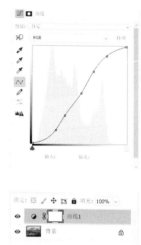

原图

如果按照选取亮部和暗部，计算中间调的思路调整，那么调整将会是简单且快速的。

曲线调整后

步骤 01 选取亮部

按Ctrl+Alt+2快捷键可以快速选取亮部区域（画面中出现闪烁蚂蚁线的区域），新建一个"曲线1"调整图层，这样"曲线1"图层的蒙版中就会显示选取亮部的黑白灰混合效果。查看曲线的"属性"面板也可以印证这一点，曲线中的像素信息只显示了亮部区域，这样曲线中的调整将会只对亮部区域起作用。

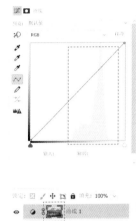

步骤 02 选取暗部

按住Ctrl键单击"曲线1"图层的蒙版，激活亮部区域，然后按Ctrl+Shift+I快捷键进行反选，就可以选取出暗部区域。这时新建"曲线2"图层，查看曲线的"属性"面板，曲线中的像素信息只显示了暗部区域，这样在曲线中的调整将会只对暗部区域起作用。

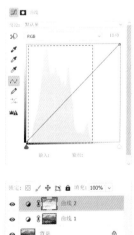

步骤 03 计算中间调

①单击背景图层，选择菜单栏中的"图像">"计算"。

②在弹出的"计算框"对话中，将源1和源2的通道选择为"灰色"，为源1勾选"反相"复选框（两个反相都不勾选，则会选择亮部区域；两个"反相"复选框都勾选，则会选择暗部区域），将混合选择为"正片叠底"，将结果选择为"选区"。单击"确定"后，会弹出选区提示，意思是低于50%灰的选区将不会显示蚂蚁线，但这并不会影响到选区，单击"确定"即可。

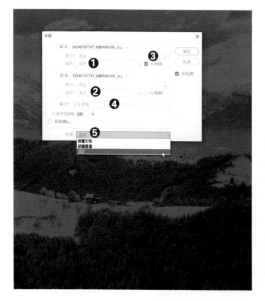

③新建"曲线3"调整图层，这次在曲线"属性"面板中已经无法看到明显的像素信息，因为中间调的选区十分细微。

步骤 04 **分别对亮部、暗部和中间调进行调整**

通过分区调整来加强画面的明暗对比。首先，对高光应用加强对比的S形曲线；然后对暗部进行压暗；最后对中间调应用S形曲线。经过反复微调，就可以有效地强化画面的明暗对比。

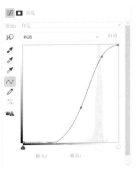

亮部

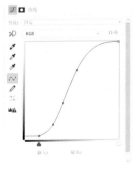

暗部　　　　　　　　　　　　　　　　　　中间调

核心要点：

黑白转换、质感磨皮、电影色调、线描、梦幻色调，
是锦上添花的后期调整捷径，能让照片更加精彩。

第 8 章

简单后期的不同凡响

‖ 8.1　影调感人的快速黑白转换 ‖

步骤 01　**应用计算**

在Photoshop中打开一张照片，选择菜单栏中的"图像"＞"计算"。

原图

在弹出的"计算"对话框中，设置源1的通道为"红"、源2的通道为"灰色"（源1和源2的通道颜色并不是固定值，需要摄影者根据画面效果确定，在变换通道的色彩时，画面中会实时显示混合后的黑白效果）。将混合设置为"正片叠底"，调整"不透明度"可以改变黑白效果的强度，将结果设置为"新建通道"，单击"确定"就可以得到一张影调丰富的黑白照片。

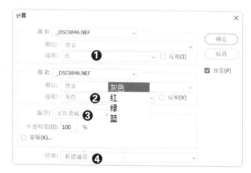

效果图

步骤 02　转换色彩模式

　　转换黑白后，背景图层发生了变化（显示为粉色），若要保存当前的调整效果需要在菜单栏中选择"图像">"模式">"灰度"，然后在弹出的"要扔掉其它通道吗？"提示框中单击"确定"，将照片转换为灰度模式。在菜单栏中选择"图像">"模式">"RGB 颜色"，将照片转换为 RGB 颜色模式，这样背景图层就恢复为正常显示的黑白图层了。

在使用计算转换黑白照片时，切忌墨守成规，要学会灵活变通。例如，在对下面这张照片进行黑白转换时，按照上述的方法设置"正片叠底"混合模式后，无论在源1和源2的通道中选择哪个颜色，得到的画面效果都会很暗。这说明这种暗调的照片并不适合应用正片叠底混合模式。

步骤 01 应用计算

源1通道选择"红"、源2通道选择"绿"，混合选择"正常"，结果仍然选择"新建通道"。按照前文的操作，先将照片转换为灰度模式，再将照片转换为RGB颜色模式。若觉得明暗对比不够强烈，可以用前面学过的"柔光＋曲线"加强对比。

步骤 02 **用曲线和柔光组合加强对比**

新建"曲线1"调整图层，设置图层混合模式为"柔光"。

向上拖动暗部端点、向下拖动亮部端点，加强明暗对比。在这个过程中，还可以添加其他锚点来进一步精准地控制明暗对比。

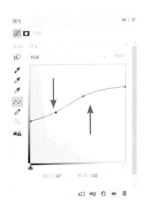

8.2 高级的电影色调

扫一扫，即可观看本案例教学视频

电影色调会给人高深莫测、遥不可攀的感觉，其实用简单的方法也可以快速调出电影色调。

原图　　　　　　　　　　效果图

步骤 01　　**使用色相/饱和度去色**

新建"色相/饱和度"调整图层，在色相/饱和度"属性"面板中降低饱和度至−100，完成去色。

步骤 02　　**设置图层混合模式为正片叠底**

在混合模式中选择"正片叠底"，这样得到的效果太暗沉，需要降低不透明度来降低应用强度，这里将不透明度调整至58%。参数值不需要记住，不同的照片参数值是不相同的。

不透明度100%　　　　　　　　　　不透明度58%

步骤 03　选取高光并提亮

按Alt+Ctrl+2快捷键选取画面中的亮部区域，然后新建"曲线1"调整图层，在较亮和较暗区域增加两个锚点并向上拖动，提亮高光，这样人物的脸部就有了立体感。

步骤 04　着色

重新选择"色相／饱和度1"图层，勾选"着色"复选框，拖动"色相"滑块，选择喜欢的电影色调即可。

233

8.3 保留皮肤质感的人像磨皮

扫一扫，即可观看本案例教学视频

　　人像磨皮有两种方法，一种是使用插件，这种磨皮方法容易将皮肤磨得太光滑，失去质感；另一种是使用中性灰、双曲线等方法，这种磨皮方法会保留皮肤的质感，但费时费力。有没有一种兼顾二者优点又简单的方法呢？当然有，下面我们来学习"高反差+高斯模糊"的磨皮方法。

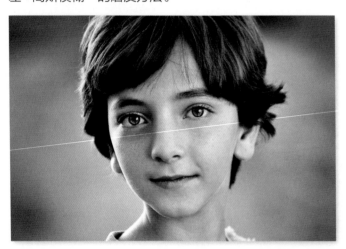

原图

效果图

步骤 01 **复制图层并反相**

单击"背景"图层，按下Ctrl+J快捷键，复制得到"图层1"，按Ctrl+I快捷键对图层进行反选。

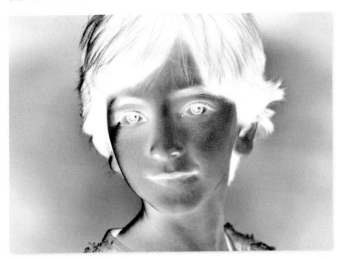

步骤 02 **更改混合模式为亮光**

将混合模式更改为"亮光"。

使用高反差保留模糊斑点

　　选择菜单栏中的"滤镜">"其它">"高反差保留"，在弹出的"高反差保留"对话框中，设置半径为24.9，设置数值时，刚好能消除痘印、斑点和细纹即可。

使用高斯模糊提取细节

　　选择菜单栏中的"滤镜">"模糊">"高斯模糊"，在弹出的"高斯模糊"对话框中，设置半径为3.6，设置数值时，稍微能看清人物脸部的细节即可。

使用画笔工具涂抹皮肤

　　单击"图层1"，按住Alt键单击下方的添加图层蒙版图标，为该图层添加一个黑色蒙版，然后单击选择工具箱中的画笔工具，设置前景色为白色、不透明度为50%。在需要磨皮的区域多次涂抹，体现出柔美的皮肤质感，涂抹时应避开人物的五官，如果不小心涂抹到，可以将前景色改为黑色重新涂回来。接着新建空白"图层2"。

按住Alt键新建黑色蒙版

步骤 06　使用污点修复画笔工具去除斑点

放大照片可以看到人物脸部有很多斑点需要去除，单击选择工具箱中的污点修复画笔工具，在上方工具设置栏中选择"内容识别"，并勾选"对所有图层取样"复选框，然后在人物脸部斑点区域涂抹，以去除斑点。

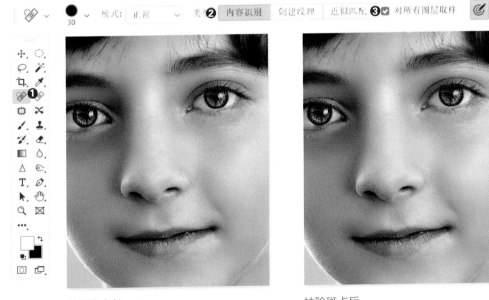

祛除斑点前

祛除斑点后

8.4 用黑白线描表现极简古韵

扫一扫，即可观
看本案例教学
视频

在拍摄过程中，我们会尝试用不同的视角表现
看到的美；而在后期过程中，我们可以尝试表现
想象中的美。黑白灰、极简、古典、悠长，若将意境了然于胸，调整的过程自然
就会行云流水。

原图

徽韵

若以大自然为纸，
徽派建筑便是那最美的画。
冰清玉洁的白墙，
映衬着一颗颗善良质朴的心，
诉说着平平淡淡的往事。

效果图

步骤 01 在Camera Raw中校正水平线，转换黑白效果、提亮曝光

在Camera Raw中选择裁切并旋转，向右拖动"角度"滑块，将画面校正。在"基本"面板中，将配置文件改为"Adobe单色"，将照片转换为黑白效果；然后增加曝光、对比度、白色、黑色等的数值，提亮画面（让白色区域更多），目的是使后面的选区创建更容易。

步骤 02 选取黑色屋檐和窗格以外的区域

在Photoshop中单击工具箱中的魔棒工具，在屋檐和窗格以外的天空和白墙区域多次单击，创建选区。魔棒工具无法创建的选区可以使用套索工具来创建，操作时一定要放大照片看细节。完成选取后，按Ctrl+J快捷键，新建一个保存有选区的"图层1"调整图层，这时选区的蚂蚁线消失，按住Ctrl键单击"图层1"可以重新显示选区。

步骤 03 将选区填充为白色

选择菜单栏中的"编辑">"填充",在"填充"对话框中内容选择"白色",将选区填充为白色。

步骤 04 营造意境:添加飞鸟

拖曳飞鸟素材至照片合适位置,设置飞鸟图层的混合模式为"正片叠底",可以看到画面的融合效果不是很好,需要对素材进行提亮。

如何提亮呢?直接新建色阶调整图层进行提亮会影响到整个画面。"图层"面板上的飞鸟素材图层是一个智能对象图层。智能对象图层的优点是在使用菜单栏上的一些调整项(例如色阶)时,也可以像调整图层那样进行随时更改。使用色阶提亮飞鸟图层的操作步骤如下。

步骤 05 使用色阶提亮飞鸟图层,让画面更融合

单击飞鸟图层,选择菜单栏上的"图像">"调整">"色阶",在"色阶"对话框中,向左拖动白色滑块、向右拖动

灰色滑块进行提亮，直至画面完全融合为止。单击"确定"按钮，色阶将会以智能滤镜的形式出现在"图层"面板中，如果后续需要更改色阶的参数，只需要双击"图层"面板中的色阶即可打开"色阶"对话框。

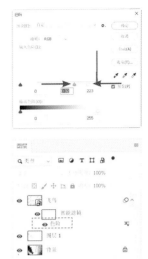

步骤 06　营造意境：添加文字

单击选择工具箱中的横排文字工具，在画面上拖曳就会出现文字框（"图层"面板上会显示文字图层），接下来可以在上方的工具设置栏中选择字体、字号等，进行排版。

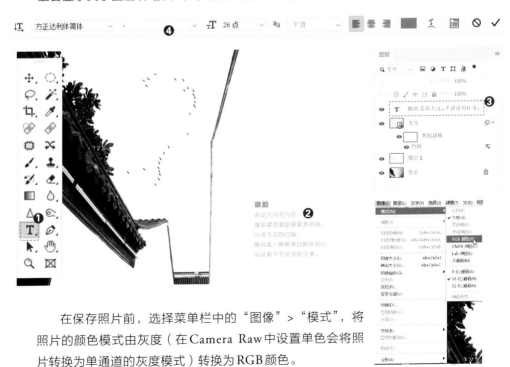

在保存照片前，选择菜单栏中的"图像">"模式"，将照片的颜色模式由灰度（在 Camera Raw 中设置单色会将照片转换为单通道的灰度模式）转换为 RGB 颜色。

原图

‖ 8.5　强调柔美的梦幻意境 ‖

扫一扫，即可观
看本案例教学
视频

分析原图，光线主要分布在山脊、建筑及它们的水面倒影处。通常的调整思路是加强对比、突出光感，但对例图来说，过多的光影分布在一定程度上会干扰画面的视觉中心。因此，例图可以通过弱化光影（特别是水面的倒影），确定将建筑、薄雾和远山作为视觉中心，重点强调画面的整体氛围，来表现一种冰冷、神秘和静谧的感觉。

　　"校准"面板中的调整分为4步。①分别对红、绿、蓝3色加饱和度；②向左拖动蓝原色的"色相"滑块，加青色（影响天空、水面和阴影区域）和红色（影响光线照耀的区域）；③向左拖动绿原色的"色相"滑块，加黄色（黄色和红色混合后会使阳光照耀的区域偏暖橙色）和增强蓝色，这样原本偏青色的区域就会偏蓝色，青色与蓝色的组合使画面的色彩层次更加丰富；④向左拖动红原色的"色相"滑块，弱化一些橙色，让光照区域的色彩更加自然。

　　在点曲线中添加3个锚点，拉出S形曲线，以加强对比。

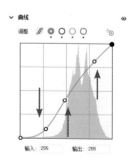

步骤 03 **提亮阳光照耀的区域，加强光影立体感**

在HSL的"明亮度"选项卡中增加橙色，提亮阳光照耀的区域（建筑、倒影和山脊），可以让画面看起来更立体。分析画面存在的问题：①天空亮度偏高；②倒影亮度过高（如果画面的主基调是强调建筑和水面倒影的对称美，那么这样的倒影是适合的）；③建筑的色彩饱和度过高。以上3个问题分散了画面的视觉中心，下面就借助局部调整工具来弱化这些干扰因素。

步骤 04 **通过渐变滤镜压暗天空，让画面更统一**

选择工具栏上的渐变滤镜，按住Shift键拉出垂直的渐变区域。在"选择性编辑"面板中，减少曝光，增加对比度、阴影、白色和黑色（整体压暗，再调亮）；单击"颜色"色块，在弹出的拾色器中设置色相为237、饱和度为27。如果颜色太浓，可以通过降低饱和度来调整。

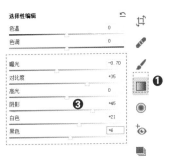

步骤 05 **通过渐变滤镜弱化水面倒影**

　　按住 Shift 键在水面倒影中的建筑顶部向上拉出一个新的渐变滤镜。在"选择性编辑"面板中先减少曝光，然后增加阴影、白色、黑色以回调亮度；减小对比度和去除薄雾的值、降低清晰度和饱和度；颜色仍然使用上一个滤镜的青蓝色，这样水面就变得很平静，不再抢眼。

步骤 06 **通过径向滤镜降低建筑的饱和度**

　　单击工具设置栏中的径向滤镜，在建筑四周拖曳出椭圆形选区，降低饱和度，并增加一些清晰度，然后增加一些曝光进行提亮。

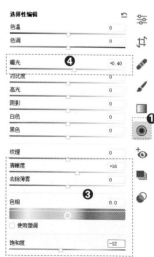

步骤 07　计算中间调，加强对比

　　选择菜单栏中的"图像">"计算"，在"计算"对话框中将源1和源2的通道设置为"灰色"，然后为源1勾选"反相"，将混合设置为"正片叠底"，最后将结果设置为"选区"。单击"确定"后，新建"曲线1"调整图层，分别在曲线的暗部区域和亮部区域添加2个锚点并向下拖动，然后在中间亮度区域添加1个锚点并小幅向上拖动。

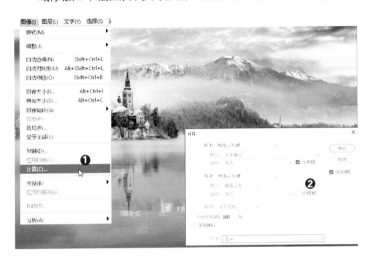
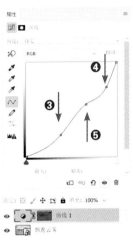

步骤 08　添加纯色图层，美化画面

　　新建"颜色填充1"图层，设置混合模式为"柔光"，降低不透明度至41%以降低填充色的应用强度。双击"颜色填充1"图层的图标，在弹出的拾色器中选取颜色，当然最好的方法是移动鼠标指针在画面上单击取色。添加纯色图层后的画面好像多了一层雾气，整个画面的过渡看起来很柔和。由于吸取了天空云层的颜色，因此画面看起来偏红。接下来，可以在可选颜色中进行微调。

步骤 09 使用可选颜色微调色彩

新建"选取颜色1"图层,选择对应主色调的蓝色通道,减少洋红色,解决画面的偏红问题;增加黑色,压暗蓝色区域(画面中的深色区域),强化对比效果。

‖ 8.6 超强质感的黑白人物肖像 ‖

扫一扫,即可观看本案例教学视频

在前期拍摄时,若要突出人物皮肤的质感,可以选择在清晨或傍晚等光线充足的场景拍摄。在后期处理时,可以使用Photoshop中的"应用图像"功能来强化皮肤细节,然后用"柔光+曲线""渐变映射""中间调+曲线"等方法来加强对比。本例在进行黑白转换时,并没有先进行黑白转换,而是在充分调整彩色照片的基础上,再进行黑白转换。殊途同归,步骤的先后顺序并不是关键的,最关键的是你对画面影调、色彩和氛围表达的理解。

原图

步骤 01 复制背景图层

单击"背景图层"(质感黑白人像图层),按Ctrl+J快捷键复制图层,得到"质感黑白人像 拷贝"图层。

效果图

步骤 02 　**选择应用图像，加强皮肤质感**

选择菜单栏中的"图像"＞"应用图像"，在弹出的"应用图像"对话框中，选择影响肤色的红通道，设置混合为"正片叠底"，勾选"预览"复选框，可以在原图和效果图之间对比查看。由于正片叠底的效果过于强烈，因此可以降低不透明度来降低调整强度。

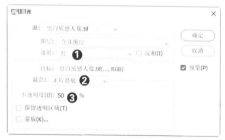

调整前

调整后

分析调整后的画面，皮肤质感得到强化，但头发区域被压得太暗，需要提亮。

步骤 03 　**使用蒙版恢复头发亮度**

降低"质感黑白人像 拷贝"图层的不透明度至77%，整体减弱应用图像的调整效果，这样头发的亮度就有所恢复，但看起来仍然偏暗。下面来对头发进行单独处理。

单击添加图层蒙版图标，为"质感黑白人像 拷贝"图层添加一个白色蒙版，然后单击工具栏中的画笔工具，设置前景色为黑色，在工具设置栏中设置不透明度为60%，涂抹需要提亮的头发区域，以恢复亮度。

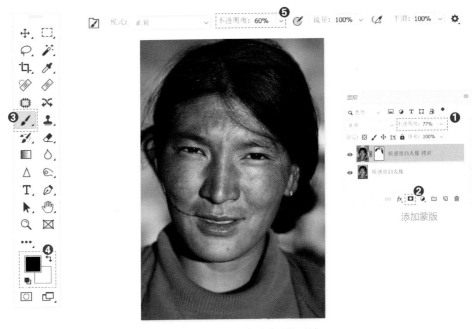

接下来，为了强调皮肤的质感，需要多次加强对比。

步骤 04 **使用"柔光＋曲线"加强对比度**

新建"曲线1"调整图层，设置混合模式为"柔光"，向上垂直拖动暗部端点、向下垂直拖动亮部端点；然后在亮部添加1个锚点并向上拖动，在暗部添加1个锚点并向下拖动，加强明暗对比。

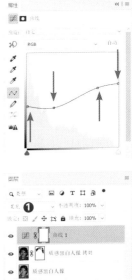

步骤 05　**使用渐变映射加强对比**

①新建"渐变映射1"调整图层，双击渐变滤镜图标，在属性框中单击渐变色条，然后在弹出的渐变编辑器中选择"黑，白渐变"，单击"确定"按钮后，会得到一张黑白照片。

②渐变映射除了能制作黑白效果，还可以通过改变不透明度制作出低饱和度的色彩效果。当然，渐变映射的这两种效果并非我们需要的，我们需要的是最大限度地加强明暗对比，让皮肤的质感更加强烈。

降低不透明度后得到的低饱和度效果

③将"渐变映射1"图层的混合模式更改为"明度"，渐变映射的效果将只会影响画面的明暗程度，而不会影响色彩。由于渐变映射是对画面整体的调整，因此人物头发又不可避免地被过度压暗。这时可以继续使用工具箱中的画笔工具，设置前景色为黑色、不透明度为60%，在太黑的头发区域涂抹，直至其恢复亮度。

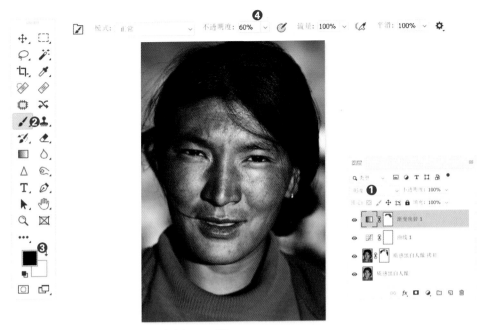

步骤 06　计算中间调，用曲线加强对比

　　单击背景图层，选择菜单栏中的"图像">"计算"，在弹出的"计算"对话框中，将源1和源2的通道设置为"灰色"，为源1勾选"反相"复选框，将混合设置为"正片叠底"，将结果设置为"选区"，完成对中间调的选区操作。单击"渐变映射1"图层，在其上方新建带有中间调选区的"曲线2"调整图层，在曲线上增加锚点，用S形曲线加强对比。这一步的曲线调整并不是固定不变的，在下一步完成黑白转换后，有时会需要回调曲线。

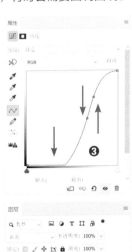

步骤 07 新建黑白调整图层，将照片转换为黑白效果

新建"黑白1"调整图层，在黑白属性框中，拖动颜色滑块可以影响影调的明暗变化，颜色滑块的默认数值并不是0。

①默认效果下，人物的面部看起来很平。向左拖动"红色"滑块，尝试压暗面部，结果很容易就强调出了面部的光泽质感。另外，受影响的还有红色的衣服，压暗后细节更清晰。分析效果，质感较好，但人物脸部的光感不足。

②向右拖动"黄色"滑块，可以提亮面部、强化光感。提亮的同时也影响到了背景的亮度，而过亮的背景肯定是我们不想看到的（会影响视觉中心，干扰主体人物的表现），这里先以人物脸部的亮度为参照，背景的亮度留在后面做局部压暗调整。

③分别拖动"青色"和"蓝色"滑块，微调二者的比例，压暗画面上方的蓝色天空。

分析调整后的效果，人物的脸部质感强烈，但背景的表现有些不足，导致画面看起来很凌乱。接下来，我们来大幅压暗背景，简化画面，突出人物（这种压暗背景的表现形式常见于沙龙式摄影）。

步骤08　使用曲线和渐变工具压暗背景

①新建"曲线3"调整图层，添加2个锚点并大幅向下拖动，压暗画面。观察画面已经接近于黑色，但仍然有部分亮部区域无法有效压暗，这些区域后面会使用画笔工具进行压暗。

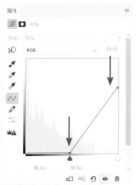

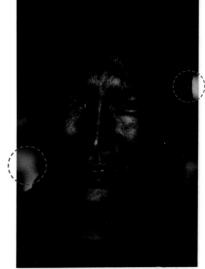

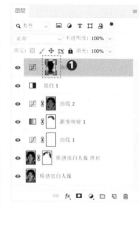

②单击"曲线3"图层的蒙版项，然后单击选择工具箱中的渐变工具，设置前景色为黑色，在工具栏中选择径向滤镜，设置不透明度为30%，然后在人物脸部、头发、衣服等不需要压暗的区域拉出渐变。渐变工具与画笔工具的使用方法类似，选择渐变工具，可以保证较好的渐变过渡效果。

步骤09 使用画笔工具涂抹背景中的亮斑区域

新建空白"图层1"，单击选择工具箱中的画笔工具，设置不透明度为30%（需要精细调整时，往往需要设置为5%～10%并进行反复涂抹）；然后单击前景色，当弹出"拾色器"对话框后，移动鼠标指针在要涂抹的区域附近吸色，再进行多次涂抹。处理不同的区域时，需要反复吸色涂抹。

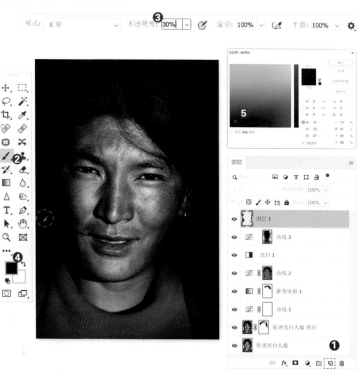